# どうぶつ命名案内

犬猫
どういう名前
つけてるの？

Ishida
Osamu
石田戢

社会評論社

# どうぶつ命名案内目次

# 第1章　犬猫の名前を考える　7

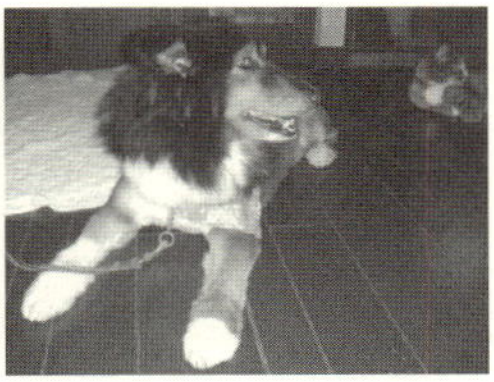

## 第2章　動物園のどうぶつたち　73



## 第3章　多摩動物公園日誌【特別収録】　141

**出演ペット**

（犬）
アンナ、きなこ、キララ、ココ、ごま、ゴン、ジャム、ジュニア、
ソフィ、チャイ、ピノ、マロン、ミルキー、RIRI

（猫）
あたみ、春眠、タルト、バット、ハッピー、丸子、ラッキー

**第１章イラスト**

鵜殿カリホ

**図版提供**

財団法人東京動物園協会
東京都多摩動物公園
大阪市天王寺動物園

神戸市立博物館
国立国会図書館
静岡県立美術館
仙台市博物館
東京都立中央図書館
府中市美術館

ペットの飼い主のみなさん

第1章

# 犬猫の名前を考える

# ペットの名前を調べたわけ

ペットとは私達にとってどのような存在だと考えればいいのだろうか。ペットが「家族の一員」と呼ばれるようになり、それが次第に普及していったのは、ほぼ10年くらい前後と思われるのだが、この傾向はさらに進んできていて、今やペットを家族の一員と呼ばない人は動物好きだとは言えない、いやしくもペットを飼ったら家族同様に飼わなければならないといった風潮にまでなってきている。昨年（２００８年）ペットの愛着に関する調査を行ったところ、ペットを家族や子ども、孫と同様に考えているという人は、犬では64%、猫で63%であった。

２００２年にペットの名前を、東京近郊の獣医さんにご協力いただいて調査をしたところ、ペットの名前はやはり人間、すなわち家族と同じように命名している人はそれほど多くはなく、コロ、チビ、ラッキーといったようないわば伝統的な名前や外国人（語）が多数を占めていて、およそペットを家族と呼べるような命名をしていないことが明らかになった。この調査は、当時飼育されていたペットの名前を調べたもので、２０００年前後の名前を十分に反映していなかったこともあり、こうした名前は減少傾向にあった。ペットの名前は徐々に人間にもつける名前に移行しているようにも思われた。

私がペットの名前に注目したのは、１９９１年と02年の2度にわたり日本人の動物観の調査をした時であって、その間の10年に日本人の動物観全体ではほとんど変化が見られなかったなかで、ペットへの意識だけが突出して変化していたからである。それはペットを家族同様に飼うか、という設定項目に対する反応に著しい変化が見られたことであった。これは何か変だと思ってその具体像を把握しようとして思いついたのが命名である。では、本当に人と同じ、家族と同じ名前をつけるのであろうか？　その結果が前述のとおり、人と同じ名前はつけないというとりあえずの結論であった。

しかし、ペット家族論が常識化するようになって、２００２年から後にもさらにペットの名前が人に近づいているのではないかと考え、今回再び調べてみることにした。もっとも極めて単純にどんな名前が多いのかを知りたいといった興味も調査の動機になっている。かつて多かったコロやラッキーはどうなったのであろうか、前回は関東だけの調査であったが、関西と関東は同じなのであろうか、などなど。

# 調査の概要

関東と関西の開業獣医師 10 名に協力をお願いして、イヌとネコのカルテから名前、性別、品種、生年の情報を提供してもらった。さらに 2002 年調査時の関東のデータを加えて、イヌ 26,632 頭、ネコ 15,433 頭のデータを集めることができた。このうち現在でも生存している可能性のある 1993 年以後生まれのデータは、イヌ 19,638 頭、ネコ 10,109 頭で、これを分析対象として、それ以前生まれの個体は、1993 年以後の名前と比較するために使った。分析の方法としては、性別、品種、生年のほかに東西の違い、音節の長さ、年代による推移、そしてイヌについては大中小型の大きさによる違いを比べてみることにした。最後にイヌとネコの比較を試みた。

# イヌの名前

## 1　名前の順位

まずは名前の多い順を示すと**表1**（次頁）のようになった。第1位モモから第5位ナナまでほぼメスの名前である。過去に多かったコロ、チビ、ポチ、クロ、タロウといった伝統的な名前は、ベスト20のなかではコロの15位だけで、チビ21位、タロウ23位、クロ25位と少なくなっている。

　モモ、ハナ、サクラの上位三つはいずれも植物と関連があり、また1996年頃から多くなりはじめて21世紀に入ってピークとなり、ごく最近である05年以後は下降気味である。同じ植物ともいえるランも同様である。植物の名前はメスに多く使われているが、人間にも使われる。犬猫では少ないが、コズエ、カエデなどを思い起こしていただければよい。しかしイヌに使われるのはこの四つにはほぼ限定されていて、上位100位以内にはほかに存在しない。モモ、ハナ、サクラ、ランと他の植物名は区別があるようだ。植物と意識されて命名されているよりは、他の要素が加わっていると言える。実際、人の名前では、サクラを除いた三つはあまり使われなくなっていることを考えると、これらは人の名

| 順位 | 名前 | 該当数 |
|---|---|---|
| 1 | モモ | 418 |
| 2 | ハナ | 297 |
| 3 | サクラ | 255 |
| 4 | チョコ | 243 |
| 5 | ナナ | 236 |
| 6 | ラブ | 198 |
| 7 | ラッキー | 197 |
| 8 | クッキー | 195 |
| 9 | マロン | 164 |
| 10 | クー | 160 |
| 11 | コロ | 157 |
| 12 | レオ | 152 |
| 13 | ラン | 151 |
| 14 | リュウ | 141 |
| 15 | ジョン | 139 |
| 16 | プリン | 132 |
| 17 | チビ | 129 |
| 18 | チャッピー | 119 |
| 19 | タロウ | 114 |
| 20 | リン | 110 |

**表-1　犬の名前ベスト20（1993～2008年）**

前からイヌの名前になったと考えてよいだろう。

２００４年以後だけで見てみると、第1位はチョコである。ほかにも、クッキー、マロン、プリンといった食べ物を想起される名が上位に入っている。しかしチョコ以外はいずれも99年から04年にピークがあり、05年以後は下降している。類似の名であるショコラも02年から急上昇していて、05年以後だけだと10位に入る。チョコとショコラを合わせると02年から第1位になる。食べ物、飲み物では、ほかにミルクがあり、これも２０００年以後は11位に入る。**（図1）**

５位のナナはベスト10のなかではもっとも人名に近い名前であろう。１９９０年頃から増えはじめていて、以後常に1％を越えていて安定して推移している。

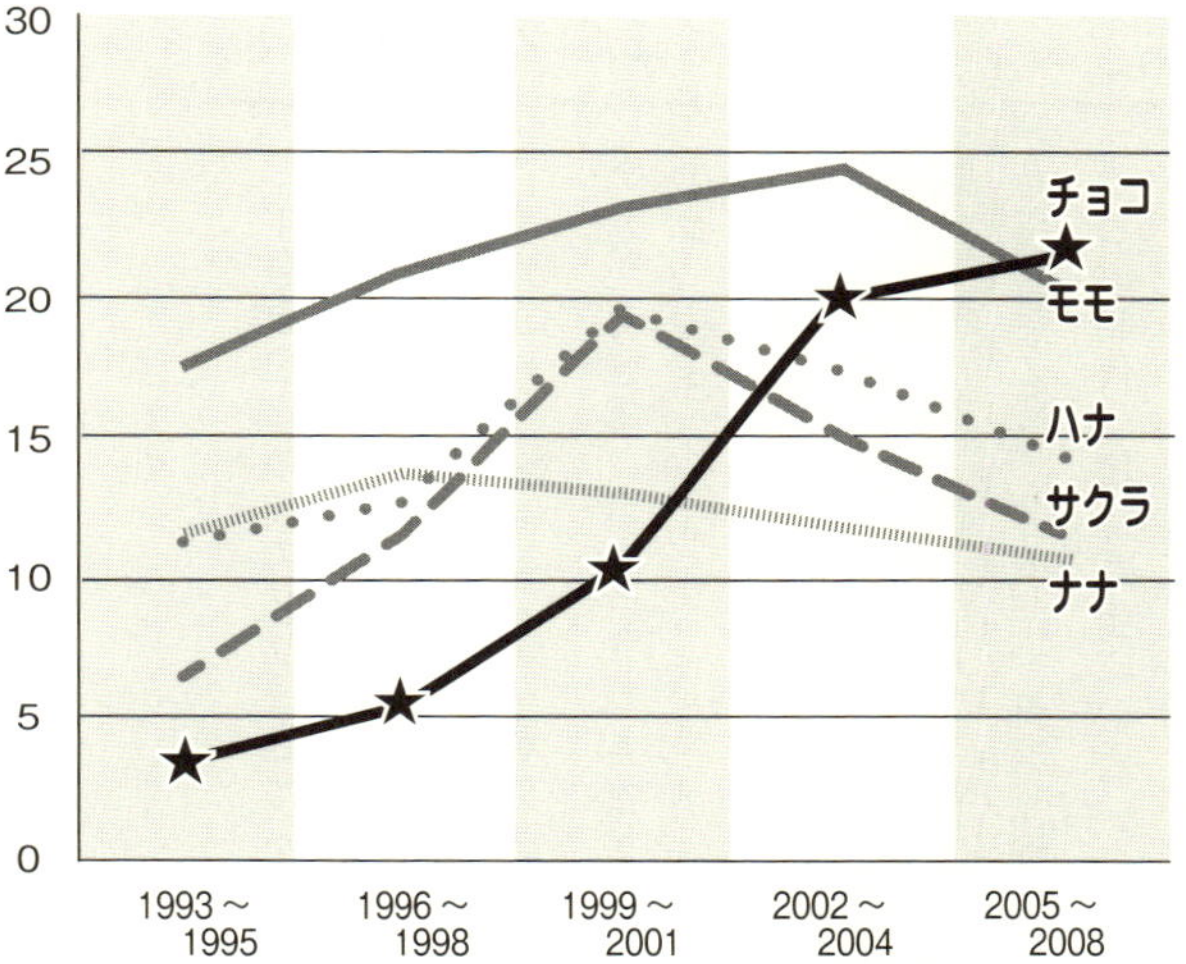


**図-1　ベスト5の名前の推移（単位：‰）**

ちなみに最近4年間のベスト20位は**表2**（**15頁**）のようになる。

ラブ、ラッキー、ハッピー、メイなどの外国語の名前は2001年までは増加していたが、それ以後は減少気味である。ラブは96年から02年にかけて第2位であったが、このところ1%を割っている。ラッキーは96年から98年は第3位を占めていたが、それをピークに低下している。クーとソラは最近の名前で、クーは02年頃から、ソラは05年から急上昇して上位を占めるに至った。どちらもそれまではほとんど見られない。特にソラは90年以前では皆無である。

名前の種類には多様化、分散化の傾向が見られる。その中でメスの名前がベスト10のほとんど、20位までに多くを占めているのは、メスの名前よりもオスの名前が多様化している証拠であろう。上位の名前はサクラ、マロンを除いていずれも短く、呼びやすい名とおしゃれな名が増えていて、伝統的な名前は姿を消しつつある。

## 【過去の名前】

１９９２年以前の名前はコロが他を圧倒して第1位である。しかし90年代に入って減少傾向になり、次第に減って現在では極めて少ない。コロに続くのはチビであった。92年まではずっと第2位であったが、95年頃から減り始め、コロと同じ運命をたどっている。第3位以下はタローとジョン、ラッキーで、ジョンとタローが減少し始めるのと並行してラッキーは増加し始める。ラッキーは当然オスの名前で、このまま90年代では常に上位を占めることになる。（表3　次頁）

現在上位のモモ、ハナ、サクラは90年代に入って増加し始めている。反対に現在は少ないがかつてはそれなりに多かった名前をあげると、ゴン、ロッキー、リキ、メリー、リリー、チロ、シロ、ミッキー、ポチ、ジロー、ムク、チコなど伝統的な名か、外国人の名前である。これらは雑種が伝統的な名に、外国産種は外国人名に対応している。

この時代、ほぼ完全にいないのは、チョコ、マロン、プリン、ソラ、リン、ミルクで、ショコラ、キャンディ、リクなどもほとんどいない。食べ物や自然を使った名前は存在しなかったのである。

| 順位 | 名前 | 該当数 |
|---|---|---|
| 1 | コロ | 205 |
| 2 | チビ | 154 |
| 3 | タロー | 128 |
| 4 | ジョン | 116 |
| 5 | ラッキー | 105 |
| 6 | リリー | 84 |
| 7 | モモ | 83 |
| 8 | ロッキー | 82 |
| 9 | ゴン | 81 |
| 10 | チロ | 72 |
| 11 | ナナ | 69 |
| 12 | リキ | 69 |
| 13 | チャッピー | 68 |
| 14 | ハナ | 64 |
| 15 | メリー | 64 |
| 16 | シロ | 62 |
| 17 | ポチ | 60 |
| 18 | ラン | 57 |
| 19 | ミッキー | 57 |
| 20 | ロン | 55 |

**表-3　過去の犬の名前ベスト20（1992年以前）**

| 順位 | 名前 | 該当数 |
|---|---|---|
| 1 | チョコ | 85 |
| 2 | モモ | 81 |
| 3 | ハナ | 57 |
| 4 | クー | 53 |
| 5 | ソラ | 53 |
| 6 | マロン | 48 |
| 7 | サクラ | 46 |
| 8 | ナナ | 42 |
| 9 | クッキー | 33 |
| 10 | ショコラ | 33 |
| 11 | モコ | 31 |
| 12 | ラン | 29 |
| 13 | ミルク | 29 |
| 14 | ラブ | 28 |
| 15 | リン | 28 |
| 16 | レオ | 27 |
| 17 | レオン | 26 |
| 18 | ヒメ | 26 |
| 19 | ラッキー | 25 |
| 19 | ハッピー | 25 |
| 19 | モカ | 25 |

**表-2　最近の犬の名前ベスト20（2004～2008年）**

## 2　性別と名前

収集した1万9638頭のうち、性別の記載がないなど不明の個体が325頭いたので、分析の対象としては1万9313個体になった。そのうちオスは1万10頭、メスは9303頭でややオスが多い。

オスとメスでは当然のことながら名前は違う。しかし全く100％区別できるかというとそうとは言えない。例えばモモに23頭、ハナに15頭、サクラにも7頭のオスがいる。

まずメスの名前は、モモ、ハナ、サクラ、ラブ、ランであり、オスの名前では、ラッキー、レオ、リュウ、ジョン、コロ、タロウである。オス・メス双方でベスト20に入っているのは、チョコ、クッキー、マロンの3種であり、これらはいずれも食べ物である。食べ物を命名する時にはオス・メスの区別がないと思われる。少し下位になるが、ショコラもオス・メス同数に近い。ミルクだけはメスが多い傾向にあるが、オスも30％ほどいる。

名前全体の順位ではメスが上位を占める傾向にあると述べた。そこではオスの名前は目立たず、全体では上位20に入っていなかったが、オスだけの順位だと10位以内に入る名前が数多く見られる。それはタロー、ゴンタで、ゴンやロン、リキなどもそういえる。オスの名前が全体で目立たない理由は、メスに同じ名前をつける傾向が顕著だからだ。**表4**を見ていただきたい。メス1位のモモが383頭で、オス1位のラッキーは154頭である。1位のモモから4位のナナまで、オスの第1位よりも多い。また20位同士を比べても、メスがラムで68頭、オスはアトムで61

| オスの順位 | | | メスの順位 | | |
|---|---|---|---|---|---|
| 順位 | 名前 | 該当数 | 順位 | 名前 | 該当数 |
| 1 | ラッキー | 154 | 1 | モモ | 383 |
| 2 | レオ | 145 | 2 | ハナ | 278 |
| 3 | リュウ | 134 | 3 | サクラ | 245 |
| 4 | ジョン | 126 | 4 | ナナ | 217 |
| 5 | コロ | 121 | 5 | ラブ | 143 |
| 6 | タロー | 113 | 6 | ラン | 128 |
| 7 | チョコ | 112 | 7 | チョコ | 127 |
| 8 | クッキー | 105 | 8 | プリン | 94 |
| 9 | ゴンタ | 95 | 9 | メイ | 92 |
| 10 | クー | 92 | 10 | リン | 91 |
| 11 | ゴン | 83 | 11 | クッキー | 90 |
| 12 | ロン | 81 | 12 | マロン | 87 |
| 13 | リキ | 79 | 13 | チェリー | 79 |
| 14 | マロン | 76 | 14 | ヒメ | 77 |
| 15 | レオン | 69 | 15 | アイ | 77 |
| 16 | クロ | 67 | 16 | ミミ | 76 |
| 17 | ロッキー | 66 | 17 | リリー | 74 |
| 18 | ソラ | 65 | 18 | メリー | 70 |
| 19 | チビ | 63 | 19 | ミルク | 68 |
| 20 | アトム | 61 | 19 | ラム | 68 |

**表-4　オス・メス別の犬の名前ベスト20**

頭である。
特定の名前へのメスの集中度を調べるために、15頭以上いる２９３種の名前が、全体に占める割合を計算したところ、オス58・３％、メス64・９％になり、メスが６％も高かった。メスの名前は同じ名前に集中していることが確かめられる。さらに、２００５〜08年生まれで20頭以上いる名前の集中具合は、オス47・９％、メス56・３％であった。

そこでオスの名前に注目して考えてみよう。オスの名前の上位には人にもつけると思われる名前がリュウを除いてみられない。ラッキーやコロなどかつて上位を占めた名前が残っているのも特徴である。外国語や伝統的な名前はオスに残っていたのだ。コロはかつてオスでもメスでもつけた名であったが、現在ではオスの名前としてわずかに残されていると言える。レオは数少ないタレント・キャラクター系の名前だが、オスで2位となっている。注目すべきはゴンとゴンタで、両方合わせると１７８頭となり、オスで第１位になる。ゴンもゴンタもかつてはあまりいなかった名前であるが、特にゴンタはコマーシャルに使われてから急に増えている。

オスの名前で見るかぎり、ペットの名前は伝統性を保ちながら多様化しており、人につける名前があっても一様になっていない。リキもまた注目に値する名前であることを示唆している。

## 【1970～80年代のオスとメス】

前回の調査時点ではコロ、チビ、ラッキーの順であったが、1970～80年代頃は、チビ、タロウ、ジョン、ラッキーなどが上位を占めていた。これでも分かるように、上位の過半はオスの名前である。コロとチロはオスメスどちらにもつけるが、メスとはっきりしているのはリリーとモモくらいである。

かつて多かったコロは、すでに90年代に入って減少し始めていて、2000年を越えてからははっきりと少数派になってしまった。チビ、タロウ、クロなども同様である。外国人名であるジョンも減少が著しい。これらの名前は家族と言うにはふさわしくないのかもしれない。

ここであらためて表1（12頁）と表3（15頁）を比べてもらいたい。両表に共通して登場しているのはモモ、ナナ、ラッキー、ラン、コロ、ジョンの6種だけで、ベスト10に限定するとモモとラッキーだけである。時代の推移とともに名前が大きく変化している。

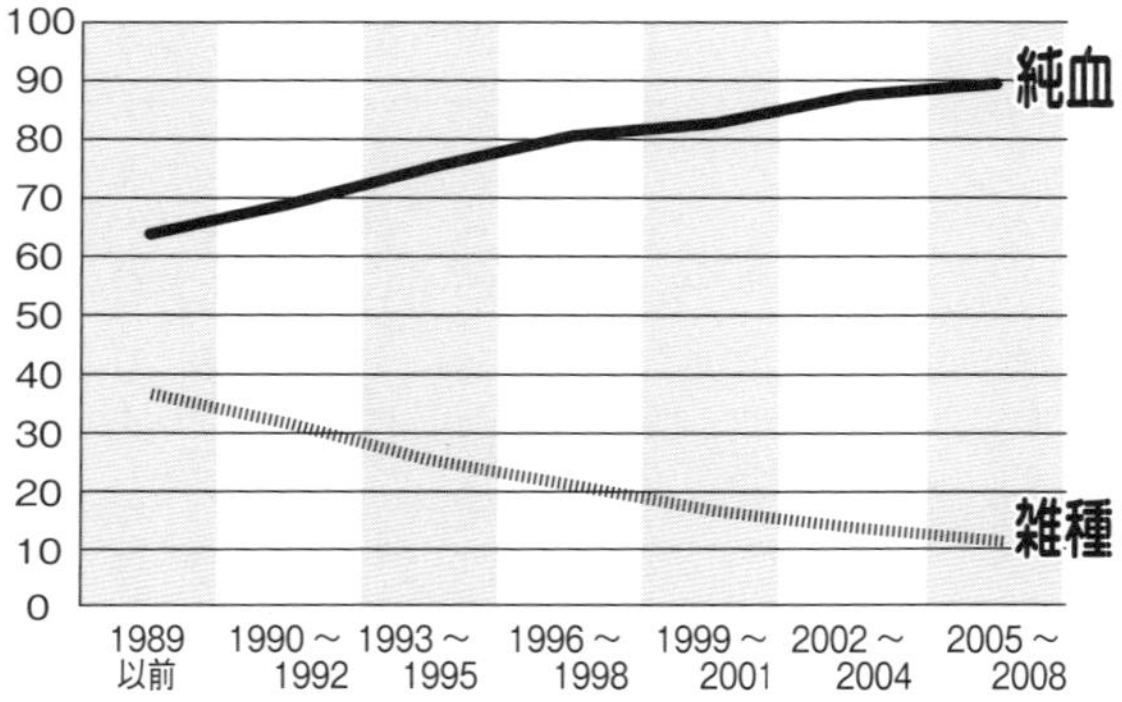


**図-2　純血種と雑種の比率の推移（単位：‰）**

## 3　品種

犬の品種は多様である。また、犬の純血化も進んでいて、犬種が不明もしくは雑種は３４００頭を数えるのみで、他の１万６０１５頭は純血種として記載されている。**（図2）**

品種のベスト20は**表5**のとおりである。ミニチュア・ダックス（以下、M・ダックスと表記）、シーズー、シバ（柴）が３大犬種であり、M・ダックスはロングコートを入れると２１２０頭で圧倒的に多いことが分かる。トイ・プードル、ミニチュア・シュナウザーを含めて近年に品種改良され、小型化された品種が目につく。

M・ダックスの飼育頭数はこの10年間で急増しており、最近もっともはやっている犬種である。M・ダックスの存在は最近のペット事情の反映である。いかにも頼りなく、飼い主の保護者意識をくすぐっている。M・ダックスの名前ベスト3は、チョコ、モモ、マロンで食べ物系であり、クッキー、ショコラも少なくない。

第2位のシーズーは、中国原産の上品な小型犬であり、従来から室内犬として適していると言われていた。前回の調査では飼育頭数第1位であった。２０００年を前後して減少傾向にあり、第1位をM・ダックスに譲ってしまった。名前としてはモモが39頭で、ナナ26頭、ラッキー、サクラが18頭である。シーズーの名前は落ち着いている。コロ、タロウなどもシーズーのなかでは比較的上位にいるから、20世紀的であると言えよう。

| 順位 | 品種 | 頭数 | 比率 |
|---|---|---|---|
| 1 | ミニチュア・ダックス | 1706 | 8.69 |
| 2 | シーズー | 1451 | 7.39 |
| 3 | 柴 | 1327 | 6.76 |
| 4 | チワワ | 978 | 4.98 |
| 5 | ヨークシャー・テリア | 848 | 4.32 |
| 6 | ゴールデン・レトリーバー | 796 | 4.05 |
| 7 | トイ・プードル | 741 | 3.77 |
| 8 | ラブラドール・レトリーバー | 729 | 3.71 |
| 9 | マルチーズ | 599 | 3.05 |
| 10 | ダックスフント | 531 | 2.7 |
| 11 | ポメラニアン | 499 | 2.54 |
| 12 | ウェリッシュ・コーギー | 496 | 2.53 |
| 13 | パピヨン | 448 | 2.28 |
| 14 | ミニチュア・ダックス・ロングコート | 403 | 2.05 |
| 15 | ビーグル | 390 | 1.99 |
| 16 | パグ | 312 | 1.59 |
| 17 | シェルティ | 303 | 1.54 |
| 18 | ミニチュア・シュナウザー | 301 | 1.53 |
| 19 | キャバリア | 281 | 1.43 |
| 20 | プードル | 272 | 1.39 |

**表-5　犬の品種ベスト20（単位：%）**

シバは、日本を代表する小型愛玩犬であり、人気は安定している。70年代からほぼ同一数飼育されていて、もっとも変動していない数である。メスではモモ、ハナが45頭と多く、またサクラ、ナナも上位を占める。オスでは伝統的なコロが第1位で、リュウ、タロウもほぼ同数いて、リキ、ゴンタもそれらに劣らず、名前は日本的である。リキ、ゴンタなども少なくないし、ヤマト、テツといった日本の名前も半数近くがシバ犬につけられている。日本の犬には日本の名前をつけるのであろう。

チワワには長毛タイプなどいくつかのタイプがあるが、これを全てまとめると１１９７頭の名前を集めることができた。チワワは、21世紀に入って急速に増え始め、２００５年以後では、Ｍ・ダックスについで第2位を占め、Ｍ・ダックスがやや下降しているのに比べ、第1位に迫る勢いである。ちょうどシーズーの代わりの位置になっている。チワワで多いのは、チョコ、モモ、クーで、これらの名前はＭ・ダックスとともに多いことが分かる。

ヨークシャー・テリアは、ヨーキーとして親しまれている犬種である。かつて80年代では、外国犬種では第2位であったが、現在では第5位になっている。モモ、チョコ、ナナが上位であるが、他の犬種では下位にあるミミが比較的多い。

さて、大型犬は第6位になって初めて登場する。ゴールデン・レトリーバーである。しかしゴールデンは21世紀に入って急速に飼育数が減少している。小型犬全盛のなかにあって大型犬はやはり名前が違う。まず第1位はジョンで、次がラブ、ベル、モモと続いている。マック、アンディ、メリー、ロッキーといった外国人の名前が小型犬と比べて多いのである。

ラブラドール・レトリーバーは大型犬では第2位で729頭いる。しかしこれも2003年頃から急に減少している。名前は何といってもラブが多く55頭いて、「ラブ」という名の30％がラブラドールで、ラブの名が上位にあるのはこのためである。ずっと数は減るが、モモ、ハナ、ラッキーが続いて、エルがラブラドールには多い。コマーシャルで有名なゴンタはやや多めといったところである。

関東と関西の品種の違いを調べてみたが、ほとんど差はなく、ゴールデン・レトリーバーだけが関東での比率が高めという結果であった。

▲2008年現在の人気種。上から、ミニチュアダックス、シーズー、柴、チワワ、ヨークシャー・テリア、チワワ、ゴールデン・レトリーバー。
※参考『世界の犬図鑑』（福山英也監修、新星出版社、2007年）

## 【過去の品種】

品種の移り変わりについて過去を振り返ってみることにする。現在も過去も雑種犬は他の品種よりも多いが、１９９２年以前は35％程度で大きな変化はなかった。93年頃を境にして30％台を下回るようになって減少し続け、現在では10％強となっている。かつて雑種犬は病気などに強いと言われて尊重されることもあったが、獣医技術の向上もあってかその傾向はなくなっている。

１９８５年以前はマルチーズ、シバ、ヨーキーが中心で、ポメラニアン、シーズー、シェルティが親しまれ、中大型犬としてはプードルが一番多い。80年代後半になると、シバ、シーズー、マルチーズにシェルティが加わり、ヨーキー、ポメラニアンが上位で、中大型犬としてはビーグル、プードルが多かった。90年代

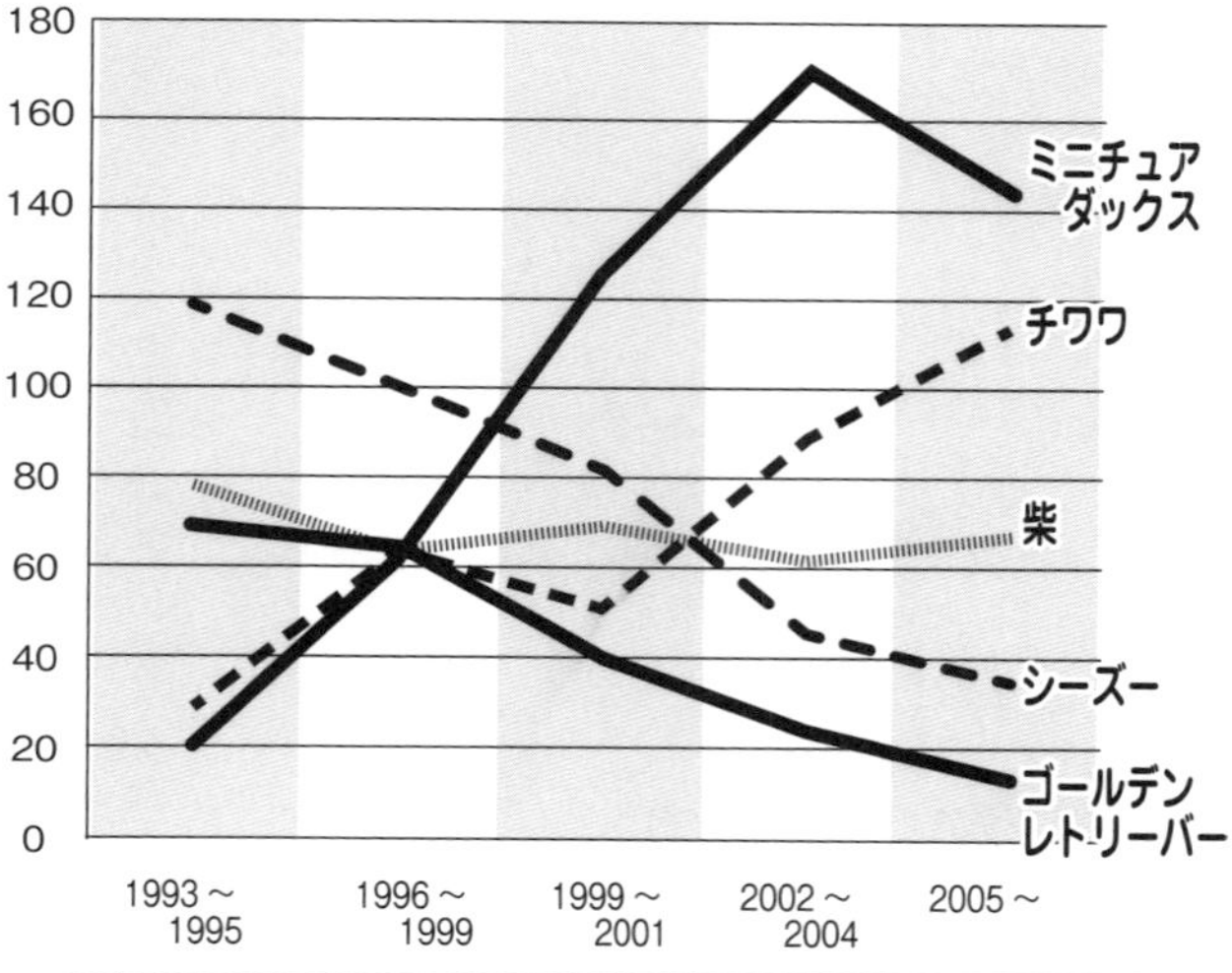


図-3　おもな品種の推移（単位：‰）

に入ってシーズーが全盛をむかえ第1位となり、シバ、マルチーズと続くが、シェルティ、ポメラニアンも少なくない。90年代はまたシベリアンハスキー急増の時代であった。ビーグルも増加している。

| | ミニチュア・ダックス | | シーズー | | 柴 | |
|---|---|---|---|---|---|---|
| 順位 | 名前 | 頭数 | 名前 | 頭数 | 名前 | 頭数 |
| 1 | チョコ | 65 | モモ | 39 | モモ | 45 |
| 2 | モモ | 44 | ナナ | 26 | ハナ | 45 |
| 3 | マロン | 41 | サクラ | 18 | コロ | 29 |
| 4 | サクラ | 36 | ラッキー | 18 | リュウ | 28 |
| 5 | クー | 29 | ハナ | 16 | タロウ | 28 |
| 6 | ショコラ | 28 | クッキー | 16 | ナナ | 27 |
| 7 | クッキー | 27 | プリン | 16 | サクラ | 27 |
| 8 | ナナ | 21 | コロ | 15 | リキ | 21 |
| 9 | プリン | 21 | ラン | 14 | ラン | 19 |
| 10 | ハナ | 20 | マル | 14 | ゴン | 16 |
| 10 | | | チェリー | 14 | ゴンタ | 15 |

| | チワワ | | ゴールデン・レトリーバー | |
|---|---|---|---|---|
| 順位 | 名前 | 頭数 | 名前 | 頭数 |
| 1 | チョコ | 29 | ジョン | 17 |
| 2 | モモ | 24 | ラブ | 16 |
| 3 | クー | 19 | サクラ | 13 |
| 4 | マロン | 14 | モモ | 11 |
| 5 | ハナ | 13 | ベル | 11 |
| 6 | サクラ | 13 | ハナ | 9 |
| 7 | リン | 13 | ラッキー | 9 |
| 8 | レオ | 12 | レオ | 9 |
| 9 | チビ | 11 | メリー | 9 |
| 10 | クッキー | 10 | ロッキー | 9 |
| 10 | プリン | 10 | マック | 9 |
| 10 | | | アンディ | 9 |

表-6　主な品種ごとのベスト10

## ４　大きさと名前

小型犬及び雑種で大きさの分からないものを除いた中・大型犬は全部で４１９１頭であった。中型犬は１５９２頭、大型犬は２５９９頭である。大きさの区分はどうぶつ出版『ペット用語事典　犬・猫編』（１９９８年）によって分類した。

中・大型犬は、全体に占める割合が低い。特に大型犬は、90年代後半にピークを迎え、２００３年までは10％を越えていたが、以後次第に減少して、最近では８％台で推移している。96～98年の18％からみると半減である。

中型犬でもっとも多いのは、ハナである。２位のクッキーからモモ、ナナ、サクラと続くが、２位以下を引き離している。ここではチョコやプリンは少ない。

大型犬ではラブラドールの寄与度が大きく、ラブは突出している。モモ、ハナ、サクラと続いてここでもジョンが第5位である。ベル、エル、ロッキー、ラン、レオなどがベスト10に入る。オスは外国人や外国語、メスは花の名前が多い。ここでも食べ物のチョコ、プリンは少数である。

## ５　名前を分類する

名前にはそれぞれ共通する要因や起源があると思われるところから、これらを分類して、分類群ごとの特徴を調べた。名前はおおむね12群に区分できて、分類不能の群を加えて13群とした。

これらの群を構成する名前は、**表7**のとおりである。これらの分類群と年代による変化を中心に調べてみた。

| | 区分 | 説明 | 代表的な名前 | | | | | | | |
|---|---|---|---|---|---|---|---|---|---|---|
| 1 | 伝統的・外見 | 犬 | コロ | チビ | クロ | タロウ | マル | ゴン | シロ | チロ |
| | | 猫 | ミケ | チャコ | フク | コタロー | チャー | チコ | | |
| 2 | タレント・キャラクター | 犬 | レオ | ゴンタ | リキ | ラム | リリー | ロッキー | エル | アトム |
| | | 猫 | ジジ | キキ | チョビ | ルナ | チビタ | ネネ | | |
| 3 | 外国人 | 外国人の名 | ジョン | リン | メリー | レオン | マック | トム | | |
| 4 | 外国語 | 外国語の名前 | ラッキー | ラブ | チャッピー | ハッピー | ベル | メイ | ロン | イヴ |
| 5 | 可愛らしさの強調 | 動物の可愛らしさを表現 | クー | ミミ | プー | ビビ | チー | ココ | フー | テン |
| 6 | 食べ物、飲み物 | 食べ物飲みもの | チョコ | クッキー | マロン | プリン | ミルク | ショコラ | キャンディ | クルミ |
| 7 | 犬らしさ・特有の名 | 犬 | ハチ | パピー | ワン | ポメ | ケン | | | |
| | 猫らしさ・特有の名 | 猫 | ミー | トラ | ミーコ | タマ | ミュー | | | |
| 8 | 自然 | 自然物 | ソラ | ウミ | リク | ハル | ナツ | アキ | ユキ | マリン |
| 9 | 植物 | 樹木、花 | モモ | ハナ | サクラ | ラン | ユズ | | | |
| 10 | 人にもつける | 人にもつける | リュウ | ゲン | ハナコ | ユウ | マリ | | | |
| 11 | ヒト | 人特有の名 | ナナ | アイ | ミク | ガク | ユイ | リョウ | アユミ | |
| 12 | 意味はあるが理由が不明 | 物や言葉としてはある | ティアラ | | | | | | | |
| 13 | 分類不能 | 分類不能 | | | | | | | | |

**表 - 7　分類区分と名前の例**

① **伝統的な名前**

比較的古くからあり、まあイヌにつけるのが普通と思われている名前である。1993～95年には16％を超えていたが、96年を境に急速に減少して、その後もさらにゆっくりと少なくなり、ここ4年では、10％程度になっている。92年以前のデータを見ると、85年までは24・3％であったが、90～92年に20・5％と次第に下がっていることがわかる。長期低落傾向の名前である。

② **タレント・キャラクター**

テレビや漫画、歴史上の人物からとった名前である。このグループは、総体としてあまり変化がなく、1992年以前と比べても変わらず、15％前後を推移している。

③ **外国人**

外国産品種は増えているにもかかわらず、外国人の名前を使う頻度は下がっている。1995年以前には15％前後であったが、3年毎に1％程度下がり、最近では10％を割っている。伝統的な名前と同様、減りつつあるグループに属する。

④ **外国語**

1996～01年にピークがあって、それ以外は12％程度であまり変化がない。外国産品種が増加してそれに伴い増えたと思われるが、その後安定したと考えられる。

### ⑤ 可愛いらしさを強調した名前

13群のなかでは最も変化のないグループである。

### ⑥ 食べ物、飲み物

この群は際だった特徴を示している。1996年頃から次第に増え始め、03年に急に増えている。最近では16・5%にまで達してグループとしては最大になっている。なかでもM・ダックスとチワワの寄与度が高い。チョコ、チョコラ、ミルクとこの両種、特にM・ダックスとの関連は深い。

### ⑦ ヒトに近い名前

8～11の4つのグループは、ヒトと共通する名前が多いグループであるが、自然物、植物・花、人に使うこともある名、全くヒトと同じ見られる名に区分した。

自然物は、ソラ、ウミ（カイ）、リクから野生動物の名前までを含めているので、部分的にはヒトの名と共通してはいない。これらは、2002年から増え始めている。

植物や花の名前は、ウメ、サクラ、モモ、ハナからカエデ、コズエと並べてみれば分かるようにヒト、特に女性の名前である。1999年頃から増え始めている。

先にメスの名前の集中度が高いと述べたが、その内実は植物・花の名前と自然物にある。名前の種類はあまり多様ではなく、モモ、サクラ、ハナ、ソラ、リク、ウミなどに限定されている。自然物と植物とを関連させると、名前の変化は重層的な変化をしていることが示唆される。この四つをヒトの名とくくって見てみると、ヒトの名前は増えているが、それにはこの二つの分類群が大きく寄与している。ケン、マリのようにかつてつけられた人の名前は、かえって減少しているとも考えられる。

## 6　関東と関西

イヌの名前1万9638のうち、関東は8133、関西は1万1505であった。前回調査を行っていない分だけデータを多くとったところ、関西が多めになっている。両者のベスト20と名づけ率（データ数が異なるものを比較するため、構成率パーミリオンで表示した）は**表8**のとおりである。

東西での大きな違いは、チョコである。関東では10位で7.5％であるが、関西では3位15・8％になっていて、構成比にして2倍の違いがある。サクラ、マロンにも差があることが表から分かるであろう。関西での名前の集中度が高いと見てとれたので、過去も含めて15頭以上いた293種の名前での構成率を見たところ、関東で57・3％、関西では64・3％であった。さらに上位162種でみるとそれぞれ46・7％、60・8％と差は大きくなり、関西での同じ名前の集中度が高いことが確認された。30位までだと、関東で21・6％、関西で29・0％である。

総じていえることは、関東ではラッキー、クッキー、チャッピー、ジョン、ベルなどの外国人・外国語の名前が多く、関西はサクラ、クー、マロン、レオ、ソラ、ミルクなどの日本語とキャラクター系の名前が好まれている。

性別との関係では、クッキーとチャッピーに特徴がある。関東ではオス・メス共通の名前であるが、関西ではオスの名としてつけられている。ベルは関東ではメスに多いが、関西ではオスに多い。また関西のオスは、少数の名前への集中度が高く、上位162種で75%を占め、占有度が圧倒的に高い。モモ、サクラ、ナナなどのメスの占有度が高いことはすでに述べたが、関西のオ

| | 関東 | | 関西 | |
|---|---|---|---|---|
| 順位 | 名前 | 比率（‰） | 名前 | 比率（‰） |
| 1 | モモ | 19.42 | モモ | 24.75 |
| 2 | ハナ | 16.11 | チョコ | 17.33 |
| 3 | クッキー | 11.8 | サクラ | 16.56 |
| 4 | ラッキー | 10.94 | ハナ | 15.8 |
| 5 | ナナ | 10.57 | ナナ | 14.28 |
| 6 | サクラ | 9.96 | ラブ | 11.52 |
| 7 | ラブ | 9.47 | クー | 11.33 |
| 8 | チャッピー | 8.24 | マロン | 10.85 |
| 9 | チョコ | 7.5 | ラッキー | 10.28 |
| 10 | ジョン | 7.01 | コロ | 10.28 |
| 11 | リュウ | 6.64 | レオ | 10.09 |
| 12 | ベル | 6.64 | ラン | 9.52 |
| 13 | ラン | 6.27 | クッキー | 9.42 |
| 14 | マロン | 6.15 | チビ | 9.04 |
| 15 | コロ | 6.02 | リン | 8.66 |
| 16 | プリン | 6.02 | リュウ | 8.28 |
| 17 | ハッピー | 5.78 | ソラ | 8 |
| 18 | レオ | 5.66 | プリン | 7.9 |
| 19 | チェリー | 5.41 | ジョン | 7.81 |
| 20 | メイ | 5.41 | マル | 7.23 |

**表-8　関東と関西の名前ベスト20**

スでは同じ名前で１００頭以上いるのが、ラッキー、レオ、リュウ、ジョン、コロ、タロウの６種類も見られ、30頭以上だと50種ある。ロン70、レオン54、マル51などが目立つ。

　関西でオスの名前の占有度が高いとすれば、関東での上位は全体から埋もれてしまう傾向にあると考えられるので、関東のベスト上位を見てみると、こちらはオスの順位全体とあまり変わらなかった。

　名前の分類別で両者の違いをみると、まず伝統的な名前では、両者とも１９９６～98年を境に急速に減少している。関西では、93～02年までは14～15％と関東よりも５％ほど高かったが、03年から11％台に下がり、関東の11％に近づいている。外国人の名前は、関東が関西よりも２～４％ほど多く、両者とも減少気味である。顕著な違いが見られるのは、食べ物で、02年から両者とも急上昇していて、最近の関西では16％と第１位になっている。関東では、外国語、可愛い名と拮抗《きっこう》しているが、わずかに少ない。自然物の名は、関西がわずかではあるが多めである。植物・花では、99～04年の関西が高く、その後減少気味である。面白いのは、分類不能なグループは、関東の方が関西より２％も高い。

　大きさとの関係では、大型犬の比率が、関東で15・６％、関西では11・６％で、はっきりと関東に大型犬が多いことがわかる。雑種は関西の方が７％、関東は純血種好みである。

# ネコの名前

## １　名前の順位

まずデータを見比べてもらうことからはじめてみよう（**表９・次頁**）。順位が１９９３年以後と92年以前とで、あまり変っていないことが分かる。１位と２位が入れ替わっているなどの変化はあるが、10位以内の構成を見れば全く同じ名前が上下しているのが分かる。しかし全体に占める比率は下がっていて、名前が分散して、多様化していることを示している。

変っている点は、モモが９位から４位になっていたり、チビ、トラ、タマといった伝統的な名前が後退して代わりにサクラ、クー、ジジなどが20位以内に入っている程度である。20位まで見ても大きな変化はなく、変化がないのが特徴だとも言える。

上位には第１位のミーをはじめとしてミミ、ミーコ、ミューなどミー系の名前が目立つ。なき声をうつしたものと思われるが、ミー系の名前は、変わらぬ人気である。では少し詳しく推移を見てみよう。

ミーは93年以降では第１位であるが、最近４年だけだとチビ、モモ、クロについで第４位に下がる。しかし、同系のミーコは増加していて、またミュー、ミーシャなどの変形も多くなっていて、代替されていると考えられるから、ミーは減少方向にあるとは言えるが、激減しているとは言えない。ミーを基礎にして、変形された名前が多様化して生き残っていると考えられる。**(図5)**

チビは、ミーとともにかつては圧倒的に多かったが、次第に減少の一途をたどっている。1992年以前と比べると半減しているが、しかし最近の4年でも第1位であることから分かるように相変わらず多い。クロ、シロもチビと同様である。タマは90年前後を境に低下したが、そ

| | 現在 | | 過去(1992以前) | |
|---|---|---|---|---|
| 順位 | 名前 | 比率(‰) | 名前 | 比率(‰) |
| 1 | ミー | 26.3 | チビ | 38.9 |
| 2 | チビ | 24.4 | ミー | 37.8 |
| 3 | クロ | 18.8 | クロ | 25.0 |
| 4 | モモ | 17.7 | ミーコ | 22.7 |
| 5 | ミミ | 13.1 | ミミ | 19.0 |
| 6 | トラ | 12.7 | トラ | 16.5 |
| 7 | シロ | 12.1 | タマ | 16.2 |
| 8 | ハナ | 11.4 | シロ | 13.3 |
| 9 | ミーコ | 9.9 | モモ | 12.6 |
| 10 | タマ | 9.6 | ハナ | 10.3 |
| 11 | ナナ | 9.6 | チャチャ | 8.6 |
| 12 | ミュー | 9 | タロー | 8.5 |
| 13 | レオ | 8.8 | チロ | 8.1 |
| 14 | クー | 8.7 | ミケ | 7.5 |
| 15 | チー | 6.7 | チー | 6.8 |
| 16 | サクラ | 6.3 | ナナ | 6.2 |
| 17 | メイ | 6.1 | チーコ | 6.0 |
| 18 | ミルク | 6.1 | レオ | 5.6 |
| 19 | ジジ | 6.0 | チャコ | 5.6 |
| 20 | チャチャ | 5.4 | ミュー | 5.1 |

**表-9　現在と過去の猫の名前ベスト20**

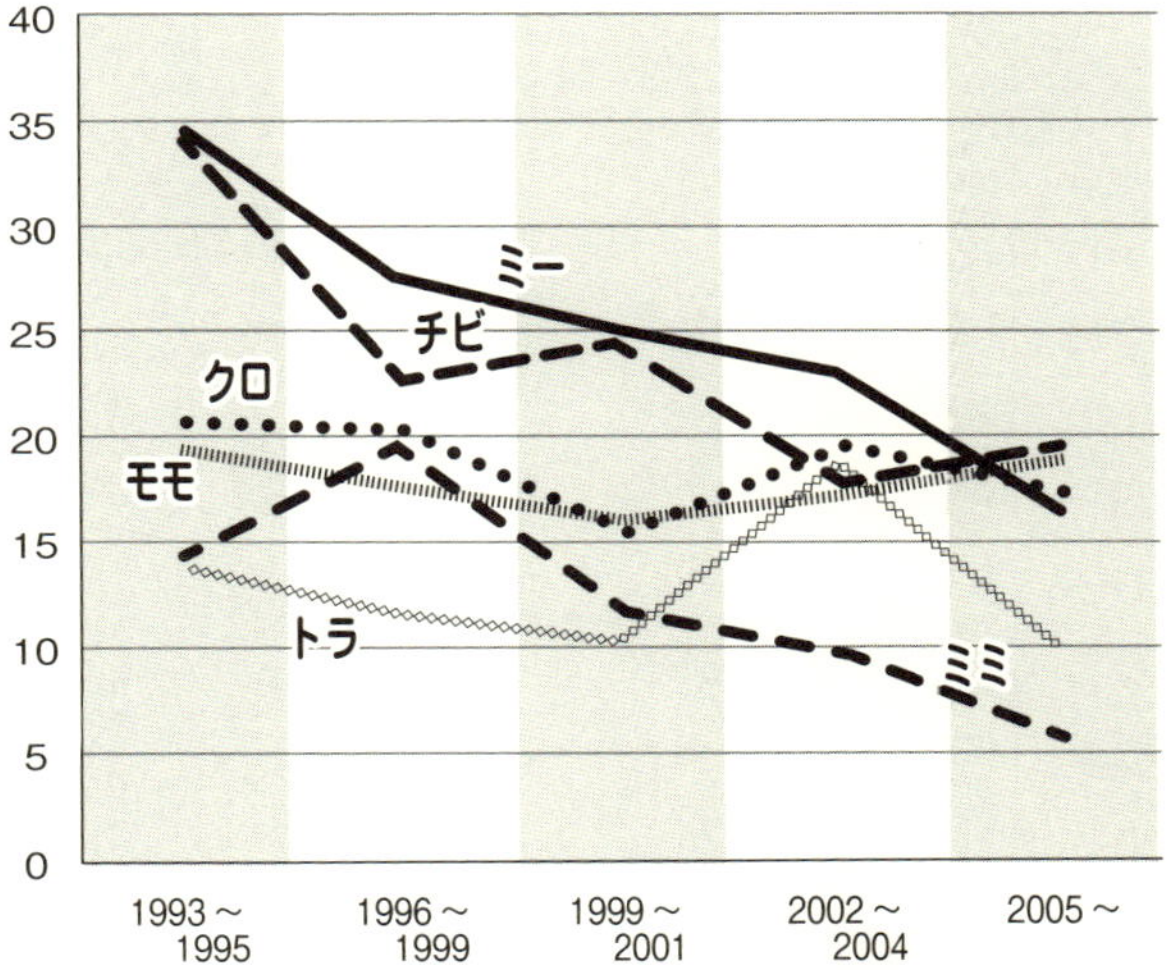


**図-5　猫の順位の推移（単位：‰）**

の後は1％台を保っている。

モモは1.5～1.9％を保っていて安定している。比率は変わらないのに順位が上がっているのは、名前全体が多様化、分散化しているからである。同系のハナも同様である。

総じて猫の名前は多様化していて、伝統的な名前も減少しているが順位を下げないままに生き残っている。全く消えてしまいそうな名前はないと言ってよい。モモ、ハナ、ナナといった名前は増加していないが、他の名前が減少していることから順位が上がっている。急速に増加している名前は10位台でクーであり、次いでナナ、レオ、ミュー、ジジで、キキ、チョコという名前も下位であるが増加している。タレント・キャラクター系の名前が増える傾向にあると言える。しかしあくまでも猫の名は保守的である。

## 2　性別

データ数は、1993年以降のものを対象とすると1万109頭、そのうちオスは4909頭、メスは5030頭でほぼ同数であるといってよい。不明が180ある。性別ごとの順位は**表10**のとおりである。

メスに多い名前はミー、モモ、ハナ、ナナ、ミーコ、ミューで、オスに多いのはトラ、レオ、タロー、トム、ゴンなどである。しかしチビ、シロ、クーはオス・メス共通であり、ミー、ミミ、モモ、タマなどメスの名前と思われる名前をけっこうオスにもつけている。

逆にオスの名前はオスだけにしかつけない傾向が見られる。タロー、コタローはともかくとし

| | オス順位 | | メス順位 | |
|---|---|---|---|---|
| 順位 | 名前 | 頭数 | 名前 | 頭数 |
| 1 | チビ | 123 | ミー | 179 |
| 2 | クロ | 110 | モモ | 151 |
| 3 | トラ | 88 | チビ | 116 |
| 4 | ミー | 83 | ミミ | 97 |
| 5 | レオ | 83 | ハナ | 97 |
| 6 | シロ | 57 | ナナ | 81 |
| 7 | タロー | 53 | ミーコ | 78 |
| 8 | トム | 45 | クロ | 74 |
| 9 | タマ | 42 | シロ | 60 |
| 10 | ゴン | 37 | ミュー | 58 |
| 11 | ミミ | 33 | クー | 57 |
| 12 | ジジ | 33 | サクラ | 57 |
| 13 | ミュー | 32 | タマ | 50 |
| 14 | クー | 31 | メイ | 46 |
| 15 | コタロー | 29 | チー | 41 |
| 16 | チビタ | 27 | ミルク | 40 |
| 17 | モモ | 26 | ミケ | 40 |
| 18 | チャチャ | 26 | トラ | 38 |
| 19 | フク | 26 | ヒメ | 36 |
| 20 | マイケル | 26 | チョコ | 35 |

**表-10 オスとメスの猫の名前ベスト20**

ても、レオ、トム、ゴンなどはメスにはほとんど見られない。同様にメスが圧倒的に多いのはサクラ、ナナであるが、10頭程度はオスにも名づけられている。オスのミケは7頭いた。

性別によって名前が峻別《しゅんべつ》されずに、両者に混在しているのが猫の特徴であろう。そして性別の混在は、1992年以前から引き続いていることも分かった。

## 3 品種

猫の品種はあまり多くない。ごく少数しか飼われていないものを含めても20種程度にとどまっている。圧倒的に和猫と雑種が多く、この両者はほとんど区別されていない。従って分析となる品種は、外国で作られた品種に限られていて、全部で1781頭と全体の18％ほどである。それらの主な品種別内訳は**表11**のとおりである。

もっとも多い品種は、アメリカン・ショートヘアー（以下、アメショーと表記）で、チンチラ、スコテッシュ・フォールドなどが続き100頭を超える品種は6品種しかない。

| 順位 | 品種 | 頭数 |
|---|---|---|
| 1 | アメリカン・ショートヘアー | 616 |
| 2 | チンチラ | 289 |
| 3 | スコティッシュ・フォールド | 150 |
| 4 | ロシアン・ブルー | 142 |
| 5 | ペルシャ | 109 |
| 6 | アビシニアン | 103 |
| 7 | ヒマラヤン | 71 |
| 8 | メインクーン | 69 |
| 9 | ノルウェイ・ジャン・フォレストキャット | 47 |
| 10 | シャム | 39 |
| 11 | ラグドール | 31 |
| 12 | ソマリ | 29 |
| 13 | ベンガル | 17 |
| 14 | アメリカン・カール | 13 |
| 15 | オシキャット | 12 |

**表-11　猫の品種ベスト15**

品種ごとに見ていくと、アメショーでは、ミュー、モモ、レオが上位にあり、ミー、ナナ、メイ、チョコと続き、伝統的な名前は、チビ以外ほとんど見当たらない。チンチラではレオ、モモが上位であとは４頭以上の名前はない。第３位のスコティッシュ・フォールド以下になると個体の名前で３頭以上いる名前はほぼなくなる。アビシニアンでは、アビとレオが特徴的である。ペルシャは、日本で親しまれた品種であるせいか、ミー系が多めであるほかには特徴は見られない。

品種として特定した１７８１頭全体では、モモとレオがそれぞれ雌雄を代表している。次いで多いのはミュー、トム、メイ、ハナ、ミーなどである。シロ、クロ、トラなどほとんどゼロに近い。やはり外国産品種にはつけにくい名前のようである。

▲2008年現在の人気種。上から、アメリカン・ショートヘアー、チンチラ、スコティッシュ・フォールド、ロシアン・ブルー、ペルシャ、アビシニアン。※参考『世界の猫図鑑』（佐藤弥生監修、新星出版社、2008年）

## 【品種の消長】

次に猫における品種の推移を見てゆこう。ここでは、外国系純血品種を外国品種と呼んでおく。外国品種の全体に占める比率は、ほとんど変化しておらず、17％程度である。猫の関しては外国産品種の拘泥《こうでい》は変わらないようだ。

最も多数いるアメショーは、１９９２年以前はかつては外国産品種の40％を占めていたが、次第に低下して20％後半までに減少してきている。チンチラはアメショーよりもさらに減少傾向が著しい。93〜95年には23％であったが、最近では３分の１程度になっている。代わって増えているのは可愛らしい猫の代表種であるスコテッシュ・フォールドである。多数派を形成するほどではないが、最近になって急速に増えている。ロシアン・ブルーは95年あたりから増加していて、21世紀に入って10％で安定している。ペルシャは日本ではなじみの深い愛玩種であり、92〜94年はアメショー、チンチラに次いで第3位であったが、今回の調査では最近飼いはじめた人はほとんどいないことが分かった。95年以降の生まれは1頭だけで、絶滅状態になってしまっている。アビシニアンは、95年頃からじわじわ増えはじめて6〜5％台を保っている。

| | | 分類不能 | 意味はあるが理由が不明 | ヒト | 人につける | 植物 | 自然 | 犬や猫らしさ・特有の名 | 食べ物、飲み物 | 可愛らしさの強調 | 外国語 | 外国人 | タレント・キャラクター | 伝統的・外見 |
|---|---|---|---|---|---|---|---|---|---|---|---|---|---|---|
| 犬全体 | | 3.3 | 1.2 | 3.1 | 6.7 | 5.2 | 3.7 | 1.7 | 10.8 | 11.9 | 13.2 | 12.4 | 14.6 | 12.3 |
| 猫全体 | | 5.5 | 2.7 | 3.3 | 4.2 | 4.1 | 5 | 10.5 | 7.2 | 13.1 | 6.1 | 6.3 | 10.6 | 21.5 |
| 犬の年代別変化 | 93-95年 | 3 | 0.6 | 3 | 4.7 | 5.8 | 2.8 | 2.3 | 5.9 | 11.1 | 13.6 | 15.7 | 15.3 | 16.1 |
| | 96-98年 | 3 | 0.8 | 3 | 6.3 | 5.9 | 2.9 | 1.4 | 8 | 11.9 | 15.4 | 13.6 | 15.5 | 12.4 |
| | 99-01年 | 3.3 | 1.1 | 3.2 | 7.8 | 5.7 | 3.2 | 1.6 | 9.8 | 11.5 | 14.1 | 12.3 | 14.5 | 11.9 |
| | 02-04年 | 3.5 | 1.5 | 3.3 | 7.6 | 4.4 | 4.1 | 1.6 | 13.8 | 12.1 | 11.2 | 11.7 | 14.1 | 11.2 |
| | 2005年～ | 3.5 | 1.9 | 2.7 | 6.8 | 4.6 | 5.4 | 1.6 | 15.4 | 12.8 | 12 | 9.3 | 13.6 | 10.3 |
| 猫の年代別変化 | 93-95年 | 5.7 | 3 | 2.7 | 4.8 | 3.9 | 6.2 | 8 | 10.5 | 12.2 | 5.4 | 6.4 | 10.6 | 20.7 |
| | 96-98年 | 5.7 | 2 | 4.2 | 4.6 | 3.4 | 6.1 | 9 | 8.3 | 13.3 | 6.7 | 6.8 | 10.8 | 19.1 |
| | 99-01年 | 5.5 | 2.7 | 3.3 | 3.7 | 4.2 | 4.9 | 10.8 | 6.8 | 14.2 | 5.8 | 5.7 | 11.1 | 21.4 |
| | 02-04年 | 5.6 | 2.5 | 3.4 | 4 | 3.8 | 5 | 11.7 | 6.4 | 13.9 | 6.2 | 5.8 | 9.4 | 22.1 |
| | 2005年～ | 5.2 | 2.9 | 3.1 | 4.1 | 4.8 | 4 | 11.3 | 5.7 | 11.7 | 6.2 | 6.9 | 11.1 | 23 |

**表-12　犬猫の名前を分類する（数字は構成比、単位：%）（1993～2008年）**

## 4　分類別

犬と同様に猫についても13の分類群にグループ化してみた。分類の見本例と各分類群の数は**表12**のとおりである。

最も多いのは、チビ、クロなどの「伝統的な名前」で、20%を越え、第2位の「かわいらしさを強調した名」13%を引き離して、「タレント・キャラクター」と「猫特有の名前」が10%程度でそれに次いでいる。外国人・外国語は少数派で、意味不明のグループも少なくない。猫の名前は感覚的でもある。人に近い名前の3グループはあわせて12%ほどである。

ではこれらの時間別の推移を見

てみよう。最も多い伝統的な名前はいく分か減少の意味ではあるが、20％台を保っている。猫の世界では伝統的な名前は依然として優勢である。可愛い名前は、21世紀を前後に少し増えたが、12～14％と変らないと言えるであろう。猫特有の名前、それはミー系とニャン系を中心としているが、１９９６～98年をピークとして、２～３年ごとに１％程度減少している。タレント・キャラクターのグループは、ほとんど変化がない。増加しているのは食べ物である。03年ころから次第に増えて、現在では10％越えている。自然物も同様で増加傾向にある。人と似た名前の３グループには変化は少ないが、なかでは植物、花がいく分上昇気味である。意味のよく分からない名前は８％ほどいて、多いといえよう。猫の名前はなにやら記号的である。

## 5　関東と関西

関東と関西を比べると全体の傾向とほぼ同じで、際立った差は見られない。

やや細かくなるが差の見られるのは猫特有の名前で、関東が１％ほど低く推移している。食べ物の名前は、関東では２００２年から、関西は05年頃から急速に増えている。花や植物では、関西が増加傾向なのに、関東ではあまり変化がない。意味不明の名前は関東では増加している。

# 犬と猫の比較

今回の調査をふりかえってみて、あらためてペット事情に大きな変化があることに気づかされた。特に犬においてそれは顕著である。血統がはっきりしている犬が多くなっているのだ。いいかえれば丈夫で健康だといわれた雑種犬は、どんどん少なくなっている。獣医技術をはじめとして、リハビリや問題行動の是正、トレーニングなどの研究は進んでいて、丈夫さもさほど問題になっていない様子がうかがえる。室内犬の比率も高くなっているから、寒さや病気に耐える力を必ずしも要求されなくなっているのかも知れない。犬にかかる経費も増加していく、それをささえる経済力も愛情も高まっているのであろう。

他方、猫では室内猫が増えているものの、品種へのこだわりはそれぞれ見られず、犬ほどの変化はない。調査データも犬ほど集まりはよくなかった。都会化すると猫の比率は高まると言われる。６年ほど前の調査の対象は東京周辺だけであったが、犬と猫の件数はほぼ同じであった。ところが、今回はデータ件数に大きな開きがある。ある獣医師さんのカルテでは、犬が１０００件あったが、猫は２５０件しかなかった。これは東京中心部に近い獣医師さんが提供してくれたデータである。犬、猫事情には変化が出ている。明らかに犬優先のペット事情になっている。

　こうした点もふまえて、犬と猫の違いについて考えて行くことにしたい。

## 1　名前の順位移動

　犬の名前の順位移動は大きい。特にここ6~7年に生まれた犬の名は、従来の名前と置き換わっているといってもよい。これに寄与しているのは、チョコ、マロン、ショコラをはじめとする食べ物系の名前とその背景にある小型犬種の急増である。ヨチヨチ、チョコチョコと小走りに歩くM・ダックスは飼い主の保護意識を高める。〝食べてしまいたいくらい可愛い〟という表現があるが、茶色など色合いもそれに加わっている。

　猫はこれと対応する品種はいない。猫特有の可愛らしさは、これまであったし、これからも同じであろうが、タレント的に負けている感じがする。

　伝統的な名前はこのところ凋落《ちょうらく》著しい。その代表が犬のコロ、チビであり、猫のタマ、トラである。しかしこの傾向は犬の方がより顕著である。伝統的な名前は必ずしも安易な名前とは言えないのであるが、飼い主の熱い表情を受けとめるには、迫力に欠けるのかも知れない。この変化は、1995年あたりからはじまっている。

　まず第1のターニングポイントは、1995年前後にあると思われる。伝統的な要素を持つ名前と外国人の名「ジョン」が急速に減少する。

次にラブやラッキーといった外国語の名前はそのあと21世紀に入って顕著に減少しはじめる。これと期を一として、まず植物・花系が上昇する。これが第2のターニングポイントである。これらの名前は〝癒《いや》し系〟とでも言っておこうか。

第3の変化はここ4年間で現れ、食べ物と陸海空の自然系が増えてくる。これらの名は著しく人に近くてしゃれている。愛情表現としての名前と言ってもよいであろう。

猫の方ではどうだろうか。この20年間の間に猫の名前の順位移動は少なく、伝統的なチビ、タマや猫特有のミー系は減少しているのだが、かつては圧倒的に多かった名前が現在ではモモ、ハナ、ナナなど新しい名前に追いつかれた程度である。チビは最近では1位に復活している。食べ物系で1番多いミルクは18位である。食べ物系は上昇してはいるが、上位にくいこむには至っていない。猫にはミー系という特有の名前が力を発揮している。ミーとミーコが減少すれば、ミュウという変化形が上昇して、全体としてはおとろえていない。猫の名前には外国人や外国語を使った名前が少ない。犬でいえば、かつてのジョン、そしてラブやラッキー、さらに言えば発音便を使った名前が少ない。外国的な雰囲気を持った名前のなかではレオが13位、メイが17位、ジン、キキ、トムが20位前後にいる程度であり、しかもこれらの名前はタレント・キャラクター系の名前である可能性が高い。猫の名には外国語のにおいがしない。最近の4年間で増加傾向なのはモモ、クー、ミルクなどであるが、急激に増加しているとは考えられない。

名前の順位で見るかぎり、ペットブームを支えているのは犬である。ブームがおきる時は特定の名前に集中する傾向がある。従来の名前を変えて新しい衣でくるんでいかないと流行は作れない。その名前が、犬における〝食べ物〟、花、陸海空の〝自然〟である。M・ダックス、トイ・プードル、M・シュナウザーなどの小型犬がペットブームをささえている。これに比べ猫はブームと別に人間との安定した関係にあるように見える。**（表1・12頁、表9・34頁を参照）**

## 2　分類群から比較してみた犬猫の名

両者での大きな違いを見てみると、犬で多いのが外国人、外国語であり、猫で多いのが伝統的な名、猫特有の名である。タレント・キャラクターや食べ物、植物・花でも犬はやや多めである。**（表12・40頁参照）**

伝統的な名前は、猫が9％程度多く、猫は最近になっても20％台を保っているのに、犬は10％にまで下がっている。その差は開くばかりとなっている。伝統的な名は猫では残り、犬では和犬に残るのみである。

タレント、キャラクターは、犬が3％程度多い。しかし犬では減少気味なのに、猫ではほとんど変化がない。外国人や外国語の名前はやはり犬で低下しているが、猫にはもともとあまり使われていないせいもあって、猫の倍近くいる。ジョンやラッキーは猫にはつけにくい名前なのである。

可愛らしさを強調している名は、犬、猫ほぼ同数で犬では増加傾向にあるが、猫は1999～04年をピークにやや減少している。

食べ物の名は犬猫ともに急上昇しているが、犬の上昇率の方がより顕著である。チョコ、プリン、ミルク、ショコラといメジャーな名前だけではなく、スモモ、ワサビなど様々な名前が「発見」された。

犬、猫に特有な名前となると、猫は犬を圧倒している。しかし時間の推移とともに猫も減少していて、犬はもともとほとんど見られないせいもあってか、きわめて低い。

空、陸、海や鉱物などを含む自然系の名は、猫の方が多く、犬猫ともに増加している。この名前は、可愛らしさを強調している名と対応関係にあって、可愛らしい名が、自然物の名前におきかわっていると思われる。可愛らしい名を、より洗練させると陸海空になるのかも知れない。かつては犬にも猫にもほとんど見られない名であった。

植物や花につける名前を含めて人と共通している名前群はほとんど変化していない。植物や花の名前はメスの名前であることから、オスの名前にはヒトと共通の名前をつけなくなっている傾向にあると言える。人と共通の名前がほとんど増えていないのは、逆に言えば、人の名前が犬、猫化していることが示唆される。可愛らしさや食べ物、自然物といった分類群に人の名前が入りこんでいると思われるのである。

## 3　性別と名前

犬と猫と比べてみると、性別と名前には顕著な違いが見られる。

## ① 犬はオスとメスの名前が違うが、猫は共通している。

まず犬では、性別と名前との関係がはっきりしている。モモ、ハナ、サクラ、ナナといえばメスの名であり、それらのなかにオスは5%くらいしかいない。サクラは最も低くて3%である。当然といえば当然だが、逆に5%はオスにもつけることに注目すべきだろう。人の男性にはこれらの名前はつけないからである。他人にからかわれるなどといった制約から解放されているのかも知れない。オスにつける名ではレオ、リュウ、タロウはもっぱらオスで1~2%くらいメスがいる。犬のオスは、名前にもオスらしさが求められている。

ところが、猫の場合この境界線はとたんにあいまいになってくる。猫のメスの名前ベスト20位で見てみると、それぞれに10%以上のオスがいる。150位までの名前を見ても、メスだけにしかいないという名前はなくて、必ずオスがまじっている。ちなみに犬では、メスだけしかいない名前で最も上位なのは、38位のヒメで77頭、オスはいない。猫のメスだけしかいない名前は、100位ではじめて登場するスミレ、モエ各10頭である。猫のレオ、リュウ、タロウはどうかと見れば、レオは14位で6%のメス、タロウは23位4%、リュウは64位で4%のメスがいる。オスだけにしかいない名前で一番上位なのはマイケル53位であり、ほかにはトム、ムサシ、コジロウが各1頭だけメスがいる。ミーコやメイですら20%以上のオスがいる。ミー系は必ずしもメスではない。トラはオス、ミー、ミミ、ミュー、チャコはメスだと思われるかも知れないが、それぞれ逆の性が25%程度いる。ついでに言えばミケには7頭のオスがいた。**（表2・15頁、表10・36頁参照）**

## ② 名前の集中

犬ではモモ、ハナ、サクラ、ナナというメスの名前が上位を占めた。当然のことだがオスとメスでは飼育頭数に変わりはない。オスに特有の名前で上位なのは1位レオ、次はリュウの14位、タロウの23位と少ない。このことはメスの名前は特定の名前に集中していてその分、多様さに欠けることを意味する。

猫ではさらに特定の名前への集中度は高い。またメスについての集中度もオスよりは高い。オス・メスの区別が判然としない名前でも、両方の上位に同じ名前が出てくるケースも少なくない。例えば、チビはオス1位、メス3位だし、ミーはメス15位、オス4位、クロはオス2位、メス8位である。

メスの名前に集中度が高いのは、多様性がないのか、メスのほうが流行に流されやすいのか、よく分からない。それとも犬猫の両方にもジェンダーがあるのだろうか。

猫の名の集中度は、名前に気どったところがないことや、多頭飼育と関係している。さらに伝統的な名前が強く生き残っているせいなのかも知れない。**（表13）**

| | 犬 | | 猫 | |
|---|---|---|---|---|
| | | % | | % |
| ２０位までの集中度 | 3707 | 19 | 2313 | 23 |
| ３０位までの集中度 | 4720 | 24 | 2773 | 27 |
| ５０位までの集中度 | 6204 | 32 | 3410 | 34 |
| １００位までの集中度 | 8462 | 43 | 4454 | 44 |

**表-13　上位の名前への集中度**

## 4　品種

品種に関しては犬と猫では全く性格が異なる。このことが、名づけにも反映されていることは容易に想像できる。犬の場合、品種と名づけはかなりはっきりしているように思える。M・ダックスとチョコ、マロンが関係していることはすでに述べたが、シーズーやシバには「チョコ」は少ない。特にシバには食べ物系はほとんどなく、オスはリュウ、タロウ、コロが多く、ジョンも少なくない。メスはモモ、ハナが多く、サクラはそれと比べると少ない。品種の増減が、名前の増減と関係している可能性は高い。単に可愛い名だから増えるというわけではないようである。テリア系オスはクッキー、レオと関連していて、メスはモモ、チョコとつながっている。コロ、クロはテリア系にはいない。ゴールデン・レトリーバーはジョンが多く、やはりコロ、クロ、チョコ、ショコラ、チビはいない。子どもだからチビとつけるのではないことがわかる。

猫の純血種では、オスはレオ、メスはモモが多く、両方にまたがっているのでミューである。また、全体では順位が低いメイ、ハナ、ナナ、ココ、ミーシャ、ランなどが20位までに入ってくる。上位の名前が犬に似てくると感じられないだろうか。さらに言えば、メスの名前に、集中度が下がって、オスの名前のレオ、トムなどが上位に上がってくる。レオは外来品種では2位、トムは4位である。アメショーはミュー、モモ、レオ、ミー、チンチラはレオ、モモである。外来品種で第4位のロシアン・ブルーでは、特定の名前との結びつきは少なく、多様であるが、ラ行の外国語から引いたと考えられる名前が多い。しかしスコテッシュ・フォールドには、それは感じられない。

ペルシャはミー系が多い。

猫の場合、外来品種と名前との結びつきは犬と比べて低いようである。はっきりしているのは、アビシニアンの「アビ」くらいで、ペルシャがペル、アメショーがアメとかショーとかそういったものは見られない。しかし、外来品種の名前には分類不能の名前はあまり見られず、どこかまっとうで名づけも慎重になっている。

犬と猫で共通なのは、品種がはっきりしているものは、名づけも慎重になっていることであろうか。（表14）

## 5　音節

音節の長さは、やや数字が細かくなることをお許しいただきたい。犬でも猫でも、順位上位の名前は、ほぼ全て音節が短い。上位20

| 犬 | ミニチュア・ダックス | | シーズー | | 柴 | | チワワ | | ゴールデン・レトリーバー | |
|---|---|---|---|---|---|---|---|---|---|---|
| | 名前 | 頭数 | 名前 | 頭数 | 名前 | 頭数 | 名前 | 頭数 | 名前 | 頭数 |
| 1 | チョコ | 65 | モモ | 39 | モモ | 45 | チョコ | 29 | ジョン | 17 |
| 2 | モモ | 44 | ナナ | 26 | ハナ | 45 | モモ | 24 | ラブ | 16 |
| 3 | マロン | 41 | サクラ | 18 | コロ | 29 | クー | 19 | サクラ | 13 |
| 4 | サクラ | 36 | ラッキー | 18 | リュウ | 28 | マロン | 14 | モモ | 11 |
| 5 | クー | 29 | ハナ | 16 | タロウ | 28 | ハナ | 13 | ベル | 11 |
| 6 | ショコラ | 28 | クッキー | 16 | ナナ | 27 | サクラ | 13 | ハナ | 9 |
| 7 | クッキー | 27 | プリン | 16 | サクラ | 27 | リン | 13 | ラッキー | 9 |
| 8 | ナナ | 21 | コロ | 15 | リキ | 21 | レオ | 12 | レオ | 9 |
| 9 | プリン | 21 | ラン | 14 | ラン | 19 | チビ | 11 | メリー | 9 |
| 10 | ハナ | 20 | マル | 14 | ゴン | 16 | クッキー | 10 | ロッキー | 9 |

**表-14　代表的な品種別ベスト10**

位までで、３音節以上なのは、犬ではサクラ、マロン、プリン、で平均すると2.1となる。猫では1.9である。30位以下になると少しずつ長くなるが、犬と猫は0.2ほど離れたままである。

ところが、全体の平均音節数は犬で２・35、猫で２・32とほぼ同じになっている。このことから言えるのは、上位の名前はいずれも簡単で呼びやすいことであり、下位になるに従いやや複雑になっていくこと、そしてこの傾向は、猫においてより顕著なことである。猫の名前には、奇妙で長い名前があるが、これは部分的に特定された事例ではなく、全体にゆきわたった傾向であることを示している。１９９２年以前では犬は２・26、猫は２・28であったことからも、名前が長くなる傾向はかすかにに認められる。犬も猫も１９９３〜95年と05〜08年では、0.1程度音節が長くなっている。犬では99年あたりから2.4程度でとどまっているが、猫では05年になってその前とくらべると０・08多くなっている。名前が多様化していることと音節の長さとは関係している。これまでにない名前をつける、つまり名前によって個性化をはかろうとすると、いきおい長い名前をつけることになるのだ。犬にも猫にもお互いの領域があり、人の名前にも容易には参入できないとすると、名前の多様化には長さが必要なのだろう。

４音節以上の長いものは、犬では１６２位のダイキチまであらわれないが、猫では第52位のマイケルである。時代を追って行くと１９９２年以前の２・26から現在の2.4までゆっくり長くなっているように思える。**（表15）**

| | 犬 | 猫 |
|---|---|---|
| ２０位 | 2.1 | 1.9 |
| ５０位 | 2.14 | 2.02 |
| 全体 | 2.26 | 2.32 |

**表-15　音節の長さ（上位の平均）**

## 6 頭文字の比較

名前がどういう文字からはじまっているか。つまり、頭文字は名前の雰囲気に大きな影響を与える。面白いのはラ行とマ行とがそれぞれ犬と猫を代表していることだ。

猫はマ行が一番多く、20%を超えている。そしてこれは時代によってもあまり変らないのである。しかしタ行もこれに匹敵するほど多い。猫の名はミー系だけではないことが分かる。意外なのはカ行が多く、ナ行が少ないことである。ナ行はニャを含むから猫には多くいると考えられたが5.5%ほどしかいない。

犬ではハ行、カ行、ラ行、マ行、タ行と平均的に並んでいる。ハ行は上位には、ハナ、プリン、ハッピー程度しか見当たらないのに、17%を超えていて、ハ行の名前が多様であることを示している。もっとも猫でも少なくない。濁音、半濁音がハ行には含まれているせいもあるだろう。ラ行は元来日本では頭文字として使われることが少ない文字であり、ラッキー、レオ、ランと並べてみればそのことが分かる。伝統的な名前の頭文字に少なく、外国人や外国語に多いことから、犬に多く、猫が少ない。

ヤ行とワ行はほとんどない。ア行もナ行も犬猫とも1桁台である。**（表16、表17）**

| | 犬 | 猫 |
|---|---|---|
| ア | 7.45 | 5.79 |
| カ | 15.49 | 15.13 |
| サ | 11.39 | 10.05 |
| タ | 13.51 | 19.38 |
| ナ | 3.11 | 5.48 |
| ハ | 17.45 | 13.72 |
| マ | 14.63 | 20.54 |
| ヤ | 1.57 | 1.9 |
| ラ | 15.22 | 7.83 |
| ワン | 0.19 | 0.2 |

**表-16 頭文字の行による比較**

## 7　撥音便、半濁音、拗音、長音

「ッ」である撥音便《はつおんびん》は、犬で9.4％、猫で4.5％使われていて、犬が倍ほど多い。クッキー、ラッキー、ハッピー、チャッピーなど猫にも使われているが、犬では外国人、外国語と関係しているからだ。しかし同時に2002年頃からはっきり少なくなっている。猫でも最近では少なくなってきている。

撥音便と対応して、長音「ー」は平均すると、犬・猫ともに21％程度だが、犬・猫とも減少している。犬では2002年を境に猫では05年を境にはっきり下がる。長期的に減少が著しい。

| | 犬 | | 猫 | |
|---|---|---|---|---|
| 1 | チ | 70.8 | ミ | 111.3 |
| 2 | シ | 65.1 | チ | 106.2 |
| 3 | コ | 61.7 | シ | 64.3 |
| 4 | ハ | 58.3 | ク | 52.1 |
| 5 | ラ | 50.7 | コ | 47.0 |
| 6 | マ | 48.7 | マ | 39.3 |
| 7 | リ | 44.4 | タ | 38.4 |
| 8 | ク | 43.8 | フ | 38.4 |
| 9 | ア | 40.2 | ハ | 36.3 |
| 10 | モ | 38.8 | モ | 34.4 |
| 11 | フ | 38.0 | ト | 33.9 |
| 12 | ミ | 32.9 | ヒ | 32.2 |
| 13 | サ | 29.4 | キ | 27.6 |
| 14 | ヒ | 28.9 | ア | 26.7 |
| 15 | ホ | 28.3 | リ | 21.0 |
| 16 | タ | 27.0 | サ | 20.3 |
| 17 | レ | 22.6 | ラ | 20.1 |
| 18 | ヘ | 20.9 | ナ | 20.0 |
| 19 | キ | 20.0 | ホ | 19.8 |
| 20 | ナ | 18.8 | ニ | 17.9 |

**表-17　頭文字の多さ（単位：‰）**

「ヤユヨ」では、犬では〝ヨ〟が多いのに比べ、猫は〝ヤ〟が多い。犬では1993〜98年には〝ヤ〟が多かったが、02年からは〝ヨ〟が多くなっている。個々の名前ではこれに対応するものは〝ヨ〟ではチョコだが〝ヤ〟では上位には見当たらない。犬の〝ヨ〟を除いて減少している。「ヤユヨ」は人にはあまりつけない文字であることを付記しておこう。

「パピプペポ」は犬のピ、猫のプを除いて減少している。パピプペポは少数派の文字で、犬のベスト20にあるハッピー、チャッピーくらいが上位にあるくらいで、チャッピーもハッピーも減少しているから、このピとプに対する具体的な名前は分散していると考えられる。

「ッ、ヤ、ユ、ヨ」は活動的なイメージで、長音「ー」は少し丁寧さに欠ける。パピプペポは可愛らしさを強調している文字であろう。こうした文字が一様に使われなくなっていることは、名前全体が落ち着いてきて、名づけが丁寧になり、可愛さばかりを強調するのではなくなっていることを示している。これは犬猫ともに共通していることである。

ちなみに例外は「ん」で、「ん」を使うケースはほとんど変っていない。

これらの文字の入った名前は人にはあまりつけない。（表18）

| 犬 | | 名前の例 | | | | |
|---|---|---|---|---|---|---|
| ッ | 9.4 | クッキー | ラッキー | ハッピー | チャッピー | ジャック |
| パ | 1.56 | パピー | パピ | パル | パール | |
| ピ | 2.99 | ハッピー | チャッピー | ピース | パピー | |
| プ | 2.48 | プリン | プー | プチ | | |
| ペ | 0.85 | ペコ | ペペ | ペロ | | |
| ポ | 1.84 | ポッキー | ポポ | ポチ | ポンタ | ポコ |
| ャ | 4.24 | ハッピー | チャッピー | キャンディ | チャコ | チャチャ |
| ュ | 3.28 | リュウ | ミュウ | ジュン | リュウノスケ | マッシュ |
| ョ | 3.96 | チョコ | ジョン | ショコラ | チョビ | ショウ |
| ン | 18.41 | マロン | プリン | ラン | リン | ジョン |
| ー | 20.74 | クー | クッキー | ラッキー | ハッピー | チャッピー |

| 猫 | | 名前の例 | | | | |
|---|---|---|---|---|---|---|
| ッ | 4.52 | ラッキー | ハッピー | チャッピー | | |
| パ | 0.67 | パル | | | | |
| ピ | 2.27 | チャッピー | ピー | ハッピー | | |
| プ | 1.48 | プリン | プー | | | |
| ペ | 0.54 | ペペ | | | | |
| ポ | 1.49 | ポン | ポンタ | ポポ | | |
| ャ | 8.39 | チャッピー | チャー | ミーチャン | ニャー | ミャー |
| ュ | 2.85 | リュウ | ジュン | キュー | | |
| ョ | 2.29 | チョビ | チョロ | | | |
| ン | 14.91 | ゴン | リン | マロン | ラン | ミーチャン |
| ー | 22.45 | ミー | ミーコ | ミュー | クー | チー |

**表-18　半濁音、拗音、ん、長音（単位：‰）**

## 8　漢字の名前

データの全てにペットの漢字が入っているわけではなく、統計的に処理することが出来なかったので、特徴の概略と面白い発想による名づけについて気がついたことにふれていく。

まず犬では、発想の面白さで感じさせられるものは少ない。「心愛」という名が三つ見られたが、今までの分析から想像すると、「こころから愛す」ことになるようだ。残念だが正確な読みは分からない。ほかにはキムタク（木村拓哉）などぐらいであろうか。ラッキーやロッキーにあて漢字はない。コロにもない。

特徴的な事例をあげると、

① 和犬には漢字が使われることが多い。茶々丸などが典型である。姫も少なくない。
② ウメは漢字の「梅」を使うことが多いが、モモ、ハナは多くないようだ。しかし、モモコ、モモタロウとなると「桃子」「桃太郎」が多くなる。
③ 「コタロウ」や「コジロウ」には小太郎、小次郎が多く、他にも小鉄、小梅、小春など「小」は多く使われている。
④ 自然物には昴、空、宙、嵐、海などの漢字がけっこう使われる。
⑤ リンも凛が少なくない。
⑥ 食べ物では杏《あんず》、小豆《あずき》くらいしか使われない。
⑦ 大和、武蔵、小次郎など歴史を使ったものでは漢字が多い。日本特有の名には漢字がつけや

すい。

猫では、伝統的な名前であるコロ、シロ、チビ、クロに漢字をあてるケースはほとんどないが、今回の調査では白、黒にそれがあった。シロとかクロではなく、クロベエなどでは「黒兵衛」などと書くことが見られるが、白と黒を漢字では使いにくいのか。これはモモも同じで犬と同様、桃太郎、桃子がけっこうある。

面白いと言うにはためらうが、モモ（毛毛）、ニイタ（兄太）、など少しひねったものが散見できた。「小」は多用されていて、小雪、小春、小太郎がけっこう見られるが、なぜか小次郎は少ない。

空、海、天、月の自然系、金、銀など鉱物と言っていいのか、茶、姫、麻呂なども漢字が使われていた。最多のミーには漢字はない。

漢字ではないが西欧文字で「Coji Coji（コジコジ）」、「UNYA（ウンニャ）」などは横文字にしないとかっこうがつかないと思われる。

# 明治時代の犬の名前

## 犬の名は昔からポチとジョン

江戸時代以前にも犬や猫に名前をつけていた記録はある。かの『枕草子』に登場する、「命婦のおとど」と名づけられた猫は一條天皇のペットで、内裏にいたから従五位下に叙せられている。官位がないと参内できないのだ。この話は「翁丸」という犬が主人公である。御所のなかでは、それなりの名がつけられていたようだ。しかし市中に飼われていた犬ともなれば、シロ、クロ、ブチなどの外見やその変形した名前が普通だったと思われる。江戸初期の『御伽草子』に書かれた猫も、「虎毛」の猫と外見で区別されていて、名前で呼ばれていない。明治までの間に犬や猫がどのように呼ばれていたかを調べた人はいないようである。

明治の文明開化のころからの犬の名前では、ポチとカメが有名である。フランス人が「Petit」(プチ、転じてチビ）と呼ぶのを、「ポチ」と聞いた。英米人が犬に「カモン」と声掛けたことから「カメ」と呼ばれたというのが定説である。このようなエピソードはあるが、市中の犬の名は伝わってはいない。

ところが、明治43年（1910）に東京朝日新聞社が、160頭ほどのイヌの名前を調べて報道していて、その理由として、目下愛犬が流行しているとも書かれている。それによるとポチが

15頭で第1位、第2位はジョン13頭、3位はマルで12頭、以下クロ10、アカ8、ポーチ7、ボチ6、チイ6、チン5、タマ5、シロ5、ハチ5、チビ4、カメ4、クマ4と続く。上位の4つは現在でも使われる。7位以下の名前もけっこういることはすでに報告した。面白いのは「アカ」で、昔から赤犬は食べるとうまいと言われているから現代では使われなくなったと考えられる。シロがいて、クロがいればアカはいても不思議ではない。現代にはないのが、ポーチとボチである。この二つは由来が分からない。ハチは忠犬ハチ公であまりにも有名だが、ハチ公は昭和の話だからハチ公にあやかったわけではないので、ハチは普通の名前だったことになる。少数派であるが、コロ、イチ、ウメ、チャコ、リュウはいるし、エス、ベス、ジャック、ラック、マンデーなどの外国名もある。チョビもいる。記事では、西洋種のイヌが多いため、「乾酪（バタ）臭い西洋名」が多くて、日本名が少ないと言っている。カンガル、パンサ、イス、オロチョンなどが変わった名前としてあげられる。

こうした調査は珍しいので筆者としてまことにありがたい。

# 面白い名前

## 面白い名、変わった名、名前あれこれ

### 1 犬編

犬の名前にはなんでもつけてしまうようでいて、なにやらルールがある。そのなかでも興味をそそられる名前や変わった名前などがある。特に、物の名前や分類不明のグループにはそれが目立つ。調べていて気になった名前についてみてみよう。

比較的多い名前で奇妙なのがある。まず、ティアラで、全部で36頭いた。しかも最近の２００５～08年に19頭、02～04年に10頭と集中していて、それ以前にはない。ティアラは、結婚式などで頭につける、いわば装飾品であろう。なぜなのかは分からないが、なんとなくかっこいいのかもしれない。

ペットと人間の関係の精神的な結びつきが名前にまで波及している例が、ココロで、21頭いる。これまた２００５～08年がその内15頭である。ワタシも1頭だけだがいる。コイは3頭いて、これまた最近の名前で、全て漢字の「恋」が当てられていた。かつては、このような名前はなかった。

ダックやダックスは、ダックスフントにつけられる名前であるが、このところすっかり姿を消している。ダックスフントだらけのせいであろうか。関連して品種の名前をつけるのは、パピヨンのパピ21、ポメラニアンのポメ11、パグ7頭、チン、テリアは1頭ずついる。ラブラドールのラブは少し事情が違っていて、ラブラドールとは限らない。犬ということであれば、ワン、ウー、イヌとなるが、イヌはさすがにいない。イヌタ、イヌキチ、イヌトが各1頭、ワンは2頭、ワンワン、ワンキチなどのワン系は全部で11頭いた。ケンのなかで漢字の「犬」と記載されていたのが2頭いた。

かつて人の名前、特に男の名前で、1文字の漢字を使ったもの、例えば筆者の「おさむ」また2文字の漢字を使った名前は少ない。今では流行遅れになっているせいもあるが、アキラは4頭、マコトが3頭、ほかにはオサム、キヨシ、ノボル、マサル、マサシは各1頭でそのくらいしかいない。ヒロシやタカシ、ミノルはいない。2文字漢字はもっと少なく、トモアキ、ハルミチ、ヒロユキが各1頭で、それ以外となると、タレント的になって、タケシが2頭、タツノリが1頭だけである。センイチはいない。

歴史上の人物は使われていて、ムサシは44頭、コジロウは31頭と多数である。リョウマ11頭、リュウマ2頭、ランマルは11頭で、比較的多いのはそこまでといった感じになる。ノブナガ7、ヨシムネ3、ヒデヨシ2、イエヤス1、ツナヨシ1、ミチナガ1まではいる。

数字ではイチは多く12頭いるが、ニはいない。もっともニーというのは1頭いる。ニハチが1頭いた。ヨンはいないが、ヨンジューはいた。ヨンがいないなら、〝ペ〟はいるかと思ったが、〝ペ〟もいない。ロクは17頭でシチはいない。ナナはベスト5である。ハチはさすがに47頭いて、ハチコウは2頭、キュウは13頭、ジューはいない。数字はこれくらいである。

動物では、十二支が思いつく。ネズミはいないがチュウは4頭、ウシ1とウシマル、ウサギ1、タツ1、ヘビはいないが、コブラは1頭、ウマはいないが、ウマタロウはいる。イノシシはいないがウリボウとイノは各1頭、トリはいないが、トキ8頭、ウズラ5頭、チャボ2頭、ツル1頭。ヒツジ、サルはいない。十二支ではトラが14位で一番多い。そのほか昆虫ではケムシがいた。テフテフが1頭いて、品種はパピヨンであった。

動物では、なんといってもトラとクマである。クマは30頭であった。ほかにクマゴロウ9、クマタ2、クマキチ2、クマノスケ1と多様な変化をするが、21世紀に入ると消えてしまう。

外国人の名前でも好みがあるようで、ジョンのようにベスト20に登場するかと思えば、全くといっていいほどいないのもある。マイケル、ジミー、ローラ、ピーターは、２００５～08年には全く姿を消している。

宮崎アニメの主人公では、ジジ14頭、トトロ12頭、テト10頭、ハク5頭、シータ3頭で、ナウシカ、ラピュタは各1頭であった。ロッソはいない。ポニョはまだいないがこれから出てくるであろうか。

イロハは1頭いたが、アイウはいない。オイなどというのがいた。

アルファベットは多い。Ｌは上位にランクされる。しかし、ＨとＤ、Ｏ、Ｖ、Ｗ、Ｘ、Ｙはいないが、Ｚ、Ｆはいる。ほかは適当にあった。

食べ物では、サラミ、シイタケ、ソーダ、タマネギ、モルツ、ナツミカン、レタス、ワッフル、スブタが各1頭いて、セロリ、チマキ、レーズン、チクワが複数いた。

チョウジョがいたので、ジジョやチョウナンはいるかと思ったが、いない。オカアチャン、オトウチャン、オニイチャンなどといった名前はない。オジイ、オニイ、オネエ、オトウト、イモウトもいない。

ナンダロウ、ブサイクというのもいた。

一番長い名前は、カスガノツボネとプリンセスククーで、次はハルイチバンである。長い名前も少ない。

いろいろと並べ立てたが、これはと驚かされる名前はあまりいない。犬の飼い主はまじめで硬い。犬の名づけで遊んでいないと言える。

## 2　猫編

猫の名前には意味不明のものが多様だ。可愛らしい名前とも少し違っているのだ。

オワル、カイジュウ、クモスケ、カルシュウム、コテコテ、ヤシャ、エンニャニョなどといった名前が続々と登場する。オモムロ、オペラオー、タルトなど気分は分かるが、名前につけるかなといった感じである。

猫特有のでは、ネコが9頭、ほかにネコスケ、ネコタロウ、ネコピー、ネコニャ、ネコニャン、ネコマルがいる。アビはアビシニアンの名前で9頭いて、シャムは6頭いるが全てシャムネコではない。

犬で紹介したティアラはやはり5頭いる。

ココロは6頭いるが、コイはいない。

オカアサン、オッカサン、オネエチャン、オニイチャン、オトウチャンなどの家族関係を示す名前は、いくつか見られる。ジュニアも10頭いるが、多頭飼育しているせいであろうか。オジョウ、オジョウサンなどもいる。ドンは6頭、ボスは5頭、オヤカタ、ワカダイショウが各1頭。

歴史上の人物では、ムサシは24、コジロウは22頭で多く、サスケ20頭、ゴエモン10頭と続く。リョウマ3頭、リュウマ2頭、ノブナガ、ユキムラ、トクガワ各1頭、マサムネ、ムラサメという刀鍛冶の名前もある。ソウセキがいて、ワガハイは2頭いた。

動物では、十二支の動物はトラだけである。トラは全体では第6位で、ほかにトラ系では、トラオ3、トラコ6、トラキチ6、トラジロウ6、トラタ2、トラノスケ5、トラゾウ1、トラッキーなどと工夫した名前もあった。クマは14頭で、クマ系としては、クマゴロー5、クマコ、クマハチ、クマッチが各1頭である。なぜかサイとライオンが3頭ずついて、シャチなどもいる。ほかには、キンギョ4、エミュー、マンボウ、クジラ、シャチ、ジャガー、モモンガ、フォックスが各1頭いた。

食べ物は多彩である。ラムネの4頭から、パセリ、カボチャ、ヒジキ、ポタージュ、マフィン、ママレード、ヨーグルト、クルトン、チクワ、チヂミからツクネ、オスシ、オコゲの各1頭まであまり脈絡なく登場する。

かつての男子の名前では、マコトが4頭、ツヨシ4頭、ヒロシは3、ほかにサトル、タカシ、トオルがいて、2文字漢字に対応する名前では、タカユキ、テルヨシ、ヒロユキ、マサミチがいた。いずれにしろ少ない。

長い名では、クリスタルドラゴン、ホワイトジェンヌヒナ、シンデレラボーイ、ロックンロールブーン、ベルガモットトオレンなど「寿げ無」風の合併された名前がある。これはイヌにはみられない。

猫の名づけは、犬よりは気楽で奔放のように思える。

※巻末244頁からの資料もご覧下さい。

# ペットと社会、人

犬と猫の命名を比べてみて、どちらの名前もやや型にはまっているように思える。破天荒な名前は、ないわけではないが、少ない。はやりやすたりはあるものの、人と犬猫の関係は安定してきている。そして次第に丁寧で優しい関係に向かっているようだ。不安があるといえば、むしろ人と人の関係が、このことによって影響をうけないかという心配であろう。人や社会との関係についていくつか思い当たるところがあったので、犬猫の命名を終わるにあたって、ふれてみたい。

## 1　犬猫との関係の〝中性〟性

犬猫の名前は、性別によって左右されているが、その境界域は広く、あいまいである。名前によってオス・メスの区別をするのは難しい。しかも名前全体は、やや女性的に傾いている。多い名前の上位を、女性的な名前が占め、そのなかにはオスもいる。女性的な名前が上位にあるのは、メスの場合、同一の名前に集中していることに起因しているが、同時に名前の女性化とも言える現象も起きている。最近増えている女性的な名前の代表は、植物や花であるが、これら名前にはある種の優しさが込められていて、力んだところがない。食べ物の名前にも硬さがない。言いかえれば、ペットの名前に力強さがなくなってきている。そしてセクシャルな要素は全く見られない。人の子どもとの対比でいえば、子ども的な力強さがないということは、犬猫は子どもの代替ではなくて、赤ん坊と対比して考えれば分かりやすい。赤ん坊は、可愛くて中性的で、絶対的な保護を必要とするからだ。申し添えれば、かつて多くいた「子どもの教育のために動物を飼う」ケースはほとんどいなくなっている。

## 2 〝日本〟回帰

特に犬に見られる現象であるが、漢字の名前が増えていることは間違いない。特に日本犬においてそれは顕著である。日本犬には伝統的な名前がふさわしく、コロやチビなどはこのジャンルに残されているのであるが、漢字の名前も多く、日本犬の命名はこの両者に二極分解している。漢字の名前は、命名がより丁寧になってきている証拠ではあるが、日本犬に多いことを考えると、伝統や日本的なものへの回帰の要素も加わっている。また伝統的な名前も漢字の使用頻度の増加とともに最近の女性的な名前の流行に対する反発やアンチテーゼであると考えると理解しやすい。

## 3　人との相互浸透

すでにみたように、人の名前とペットの名前は共通しているところもあるが、基本的に区別されているし、最近の「ペットは家族」とされる風潮のなかでも、統計的には増えてはいない。しかし印象としては人の名前と共通しているようにも思えるのはなぜであろうか。人の名前の調査は、毎年、さる生命保険会社が統計をとっていて、新聞紙上にも発表されている。それを見ていると、人の名前が音の感じのよさと漢字の印象の良さとの複合で出来上がっているようだ。この二つの要素のうち、ペットには漢字は増えてはいるが少ない。言いかえればペットの名前は、音で勝負しているのであり、その音が多様化している。その多様化しているペットの名前の音の一部を人が取り入れているのが、前記の印象を強めているのではないだろうか。人の名前にペット化の傾向が見られるというと言いすぎであろうか。この傾向は、しかし犬においてより顕著に現われているのであって、猫の場合はそれほどでもない。

## 4　ペットの名づけの意味

名前をつけることの最初の役割は、個体を識別して特定することにあろう。たとえ、「No.1」とか「No.2」のような場合でも名前の最低基準は満たしている。夏目漱石の「吾輩は猫である」の猫も、名前はないと言っているが、「ネコ」という名前であったと考えれば納得がいく。

命名の次の段階は、対象の持っている特質を表現することにあろう。シロやブチなどはその典型であろう。しかし、現代のようにペットとの日常的な接触度が高くなるにつれてそうはいかなくなる。そこには様々な感情や思い入れが加わってきて、単なる記号や指示語では済まなくなってくる。相手に対する感情はこれに加わってくる。こうして普通に言われる名前が成立してきたと考えられるのだが、ペットへの命名には、いくつかの要素があって、大別すると以下のようになるだろう。

① 人の側のペットへの期待
② 人のペット感情
③ ペットの持っている特質、あるいは持つと予想される特質
④ 習慣などの社会的要因
⑤ その他

①に重きが置かれているのは、自分の子どもへの命名であろう。しかし子どもは、自分よりは長生きするのが前提となっていて、将来独立して、社会的な存在とならなければならない。ペットにはこの要素は少なく、①のカテゴリーに属する命名は少ない。④に属する伝統的・習慣的な命名はすでに見たように犬では減少が著しい。また、犬の持つ外見などの特質による命名も少なくなっている。犬特有の名前も少ない。多くなっているのは、犬に関しては人の側の感情なので

ある。人と犬との関係は、名前でみる限りでは、著しく変化しており、それは犬への思い入れが強くなっていることにある。家族との関係でいえば、犬を家族と呼ぶのが常識とされているが、実は子ども同様に考えるのではなく、それとは異なる関係が想定されるのである。それは、人と同じ名前が増えていないことによって分かるのである。小型犬の増加はこの解答にヒントを与える。M・ダックス、チワワに代表される小型犬は、いかにもたよりなげで、ほっておいては生きていけない。〝自分がいなくては生きられない存在〟として、われわれの前に現れる。〝自分が頼られているという充足感〟や〝生きがい〟とつながっている感情であろう。

猫への命名で見る限り、犬とは別である。猫の持っている鳴き声や外見的な特徴に基づく命名は依然として多数派である。このことは、先のカテゴリーでは③に属する。しかし部分的には、猫への命名も犬的になっていることから、猫への感情も徐々に変化しているとも考えられる。猫との関係は、名前で見る限り安定していて急激な変化をしていない。一時のブームに流されない関係であるとも言える。強い思いは部分的である代わりに落ち着いた関係といえる。

## 終わりに

この調査の目的は、あくまでも人とペットの関係をはかることにあった。ペットが家族同様であるなら、名前も子どもと同じであるはずだと。そしてその割合は近年になるに従い増加しているはずである。私の調査では、現代日本人とペットとの関係は、「家族」と呼ぶ以外の他の呼び方ができない関係なのであって、必ずしもこれまでの家族の一員とは異なるものであった。つまり、一つには、家族と呼ばないといけない社会的状況が作り出されていること、同時に他方では家族以外の定義や用語が存在しない関係である。この背後には、現代社会の家族概念が大きく変化していることがあるのは言うまでもない。犬の名前を考察して前記調査の結果を裏付ける結果となったが、それは日本人とペットとの関係、特に犬との関係の密度は濃くなっていて、間違いなく愛情の一種といえるが、それを何と呼べばいいのか、今のところ明快な答えはわからないままでいる。

### ・参考文献・


田中克彦『名前と人間』岩波書店、1996年

坂田聡『苗字と名前の歴史』吉川弘文館、2006年

奥富敬之『日本人の名前の歴史』新人物往来社、1999年

寿岳章子『日本人の名前』大修館書店、1979年

谷口研語『犬の日本史』PHP研究所、2000年

どうぶつ出版『ペット用語事典：犬・猫編』どうぶつ出版、1998年

鈴木棠三『擬人名辞典』東京堂、1963年

市村弘正『「名づけ」の精神史』みすず書房、1987年

井上博文「ペットの名前の造語法」（論文）大阪教育大学『学大国文』第41号、1998年

石田戢「イヌの名前を考える」（論文）『動物観研究』No.7、2003年

石田戢「現代日本の家庭におけるペットの位置」（論文）『動物観研究』No.13、2008年

「東京朝日新聞」明治43年（1910）7月2日付

明治安田生命保険相互会社「生まれ年別の名前調査 名前ランキング2008」ホームページ（http://www.meijiyasuda.co.jp/profile/etc/ranking/result/）

清少納言『枕草子』岩波書店、1962年

市古貞次・校注『御伽草子』上下巻 岩波書店（文庫）1985、1986年

【紹介】
# 擬人化された動物
## 歌川国芳の作品から

かつて猫に首ひもをつけて飼っていた時代があったのをご存じであろうか。1602年（慶長7）というから江戸時代といってもいいのであろうが、猫に首輪をつけるのを禁止したお触れがでている。それまでは、猫は愛玩専門の室内飼いが中心であったのだ。かくして江戸も中期をすぎると、庶民の飼い猫として普及するに至る。

江戸中期から末期にかけて、動物を擬人化して絵画の種とする事例は多い。江戸時代は豊かな文化を開花させたが、同時に様々な奢侈禁止令が出された時代でもあった。禁止令は突如としてだされるから、絵を出版するのも不安が残る。そこで登場するのが動物で、犬猫亀金魚虫などが擬人化され絵画の対象となった。そうした文化的背景のもとに写実的な絵と擬人化された絵が描かれた。右の絵は、無類の猫好きとして知られた歌川国芳のものである。猫の様々な表情に注目して見ていただきたい。

「流行猫の曲手まり」　歌川国芳
東京都立中央図書館・特別文庫資料

第2章

# 動物園の どうぶつたち

# 動物園のどうぶつ

動物園で飼育されている主要な動物（動物園動物）は血統登録というシステムで把握されている。これはもちろん、基本的なデータを把握すること以上に、国内での繁殖をより円滑に、また有効に行うために、日本動物園水族館協会から委嘱された全国の動物園職員が血統登録担当者となって行っている。消極的には、血縁度の高い個体同士が繁殖するのを避けるためであるが、積極的にはより多くの遺伝子を後世に残すために使われる。例えば、ある種が世界の動物園に１００頭いて、そのうち動物園生まれでない個体が20頭いたとすれば、その20頭の持っている遺伝子が１００頭のなかに平等に入っているのが望ましいことになるが、これから１２０頭に増やそうとした時、現在の１００頭の遺伝子分布を評価して、どの個体とどの個体を配偶させ繁殖させるのが最も遺伝子を多様に残す可能性があるかに使われる。現在の日本国内登録種は１３４種である。

　このようなことがあるので、動物園動物の名前は職員であれば比較的把握しやすいのである。以下に述べる名前の基本的データは日本動物園水族館協会のデータに基づいている。

　動物園で飼育されている動物には全て名前がついていると思わ

れるむきもあるが、必ずしもそうとは言えない。名前をつけるには、まずそれらの個体の区別がつかなければならない。これを個体識別という。例えば、鳥の仲間だと、個体の区別は素人には全く分からないであろう。飼育担当者としてはそれでも識別しなければならないから、足環《あしわ》とかタッグとかを付けて区別するが、しかし多くの場合は名前をつけはしない。ほとんどの場合、番号で管理することになる。例外については後に述べることにしよう。

次に、比較的長命であることも必要である。ネズミやモグラなどは、個体識別ができにくいこともあるが、名前をつけている間に死んでしまうことがあるから個体に親しみをおぼえる時間がない。さらに短命な動物に名前をつけると死んだときにいわれなき非難を受けることもあるから避けるという意味もある。近いうちに死ぬということが分かっている動物には名前をつけにくい心理も働くのではないだろうか。同じには扱えないかもしれないが、研究者は実験動物には名前をつけない。感情移入する可能性があるからであろう。そうなのだ。名づけは感情移入を伴っているのである。そしてまた、動物園からすれば、この個体は大事に育てますよ、という表現でもあるのだ。

動物園の名づけはどのように行われているのだろうか。動物園に訪れたことのある人は、時に命名の募集をしているのに出合うことがあるだろう。一般への命名募集は、動物に親しんでもらうための手段でもある。また動物園運営への参加促進の目的もあるが、必ずしもこの方法がとられるわけではない。では、どういう方法があるだろうか。分類してみることにしよう。

まず名づけを行う人の側面から分けると、①公募、②動物園の担当者もしくは内部、③元々ついている、すなわち交換や譲渡で来園する場合、そこで命名されている、④特別な人による命名、⑤その他、となる。

公募の場合、制限がつけられる場合が多い。制限するのは、同じ名前が他園や園内にいる可能性、親の名前に関連させる必要性、整理する手間が煩雑になる、などの理由がある。無制限の場合というのは、かつて上野のジャイアントパンダに子どもが生まれた時に経験した。結果としては「トントン」が選ばれたが、これは国民的な事業になって、時の首相夫人に最終的な選択をお願いしている。要するにレアケースである。

②の動物園での名づけには、担当者や名づけのルールが関係している。動物を呼ぶときに、呼びやすい名前にする。親子の系統を名前によって表す。個体識別がしやすい、園内や国内での同種個体と同じ名前にならないようにする、などといった理由がある。オリンピックやスポーツのヒーローなどを使わせてもらう場合もある。もっとも、時には担当者の好みが入っているケースもまま見受けられる。

ともあれ動物園は結構名づけに苦労している。何しろ個体は増える一方であるが、同じ名前はいけないし、動物種にふさわしい名前のほうが良いし、さりとてあまりにふざけた名前にするわけにもいかない。あの手この手と苦心惨憺《さんたん》なのだ。

# ゾウの名前

昭和24年（１９４９）、ゾウ列車、上野に来た２頭、そして移動動物園によってゾウは動物園と平和の象徴となった。ゾウの爆発的な人気を目の当たりにして、各園はほぼ一斉にゾウを求めて動き始める。あたかもゾウのいない動物園は一人前の動物園ではないかの様相を呈しはじめたのである。昭和25年からの10年間で導入されたゾウはほとんどがアジアゾウであるが、50頭を数えることができる。王子《昭和25年》、天王寺《昭和25年》、宝塚《昭和25年》、京都《昭和25年》、甲子園《昭和25年》、ラクテンチ《昭和25年》、小田原《昭和25年》。

これらのなかには、バンコク市長（姫路）、ネール首相（京都）、セイロン首相（上野）など国際親善のために贈られた個体もあるが、ほとんどが動物商や貿易商を介して持ち込まれたものである。この頃にはゾウを飼育することに関しては比較的安定していて、おおむね長寿であるが、国内での繁殖に成功するのはごく最近になってからのことである。

明治15年（１８８２）に上野動物園が開園して、明治21年シャム（タイ）国皇帝から２頭のゾウが贈られた。この２頭のゾウが日本の動物園に来た最初のゾウである。この２頭のうちメスは明治

26年に死亡したが、オスは昭和7年（1932）に死亡するまで45年間生きた。来日当初15才と推定されているから60才である。今でこそ55才のゾウは出ているが、当時としては珍しいほど長寿であったと言わねばならない。ところでこのオス、名前が知られていない。このオスは、上野に来園して35年間飼育された後に浅草花屋敷に移動したが、少なくとも上野時代には名前をつけられていない。明治から大正にかけて多くの動物が動物園で飼育されている。しかし記録を見る限り、名前はついていないのである。上野に関して言えば、大正14年（1925）来園したジョン、トンキーが最初である。つまり、日本では動物園においても名前を付ける習慣がなかったということになる。これについては思い当たることが二つほどある。

日本で最初に動物の名前を調べた記録があることは、すでに第1章で述べた。しかし、名づけられたペットの数は160頭とあまりにも少ない。その以後、増加しているとは思えるが、飼われていた犬や猫の数と比較するとほぼゼロに近い数であると言っても良い。

第二には、このオスのゾウは「暴れゾウ」「千貫象」として有名であった。当時の飼育技術の問題もあったと思われるが、飼育係が制御することができないので鎖につながれたままであった。そのため、今日の日本動物愛護協会にあたる動物虐待防止協会からクレームをつけられている。「暴れゾウ」などと呼ばれてしまえば、もはや名前をつける必要はないのかもしれない。大正12年に関東大震災がおきて浅草花屋敷の動物たちが焼け死んだ後に、その花屋敷に移動してそこで死亡した。花屋敷の記録のなかにも、名前を見い出すことはできなかった。

次に来園したゾウは大阪のゾウである。天王寺動物園ができる前、大阪には大阪府の所管で

「暴れゾウ」　© 財団法人東京動物園協会

「井の頭花子」　© 財団法人東京動物園協会

「博物場附属動物檻」といういかめしい名前の施設があって、そこで飼育されていたが、もともとはサーカスで芸をしていた。名前は「団平」といって何やら舞台に登場する役名のようであり、うなずける。ただサーカス団による芸名であり、動物園自らの命名ではないこともはっきりさせておかねばならない。このゾウ、前述の「動物檻」から天王寺動物園に3.3キロ歩いて移動したが、狭い道路であることもあり、あちこちの家々に傷跡を残したという。その際に、木やりの音頭を聞きながら歩いたというエピソードもある。補足すれば、上野の「暴れゾウ」も、上野から浅草に移動するのは「歩き」であり、その際の苦労は並々ならぬものがある。また、戦後最初に来日したはな子やインディラも全て埠頭《ふとう》に陸揚げされてから徒歩で移動している。

さて、本題の名前に入るとしよう。日本の動物園にいたことのあるゾウは１９４頭が分かっている。このうちオスが39頭、メスが１５３頭、不明１頭である。名前がなかったり不明なもの、命名する前に死亡したりした個体が、オスでは５頭、メスで９頭、不明が１頭であるから、オス34頭、メス１４５頭の名前が分かっている。

ゾウは動物園を象徴していると言ったが、特にそれはメスに顕著である。日本で名前をつけられたメスは１１７頭いる。名前は御当地の名前がつけられているケースが多く、19頭を数える。横浜や浜松であれば「はま子」(浜子)、徳山や徳島なら「徳子」、姫路は「姫

| | |
|---|---|
| ハナ子(花、はな) | 17 |
| ハマコ(浜、はま) | 5 |
| メリー | 5 |
| タイコ | 4 |
| 愛(あい、愛子) | 3 |

**ゾウの名前(３頭以上)**

子」などである。京都や宇都宮だと「ミヤコ」になる。ご当地の名前は、その動物がその園を代表していることの表現でもある。しかしこの特徴はオスには見られず、このことはメスの方がより親しみをもって迎えられたことを示している。オスは制御が難しく、背中に乗せるなどの接触が少ないからであろうか。例外は浜松の「松男」くらいであろう。

とはいえ、多いのはなんといっても「花子」（はな子、ハナ）で17頭を数える。いくら「鼻」に特徴があっても「鼻子」とは名づけられないようだ。動物園で初めて命名されたと思われる東山の最初のゾウも花子だし、昭和10年（１９３５）、タイから上野に来た当時はタイの名前で「ワンディー」と呼ばれた個体も後に「花子」と改名している。戦後、最初に上野に来た「ガチャ」も、その後井の頭自然文化園に移ったときに「はな子」と改名されている。次に多いのは浜子で5頭いるが、これは浜松動物園が3代に渡っておなじ「浜子」と名づけたせいもある。「タイコ」も4頭いて、タイから来日した個体の特徴である。生まれた国の名前をつけるのでは、カンボジアからきた「カン子」というのもある。「子」のつく名前は、最近では少なくなり、最後につけられたのが姫路の「姫子」で、１９９４年であるが、これは2代目で、これを除くと87年かみね動物園（日立市）の「ミネコ」で、これ以降は出てきていない。しかし、年代を昭和に限ってみてみると半数を超えている。他の半分はおおむね人間と同じ名前をつけられる傾向にあり、これもオスとは異なった特徴がある。

時代を感じさせる名前では、昭和12年阪神パークに来た「共栄」というのが異色である。大東亜共栄圏がさけばれた時代だった。

オス33頭のうち、日本で命名されたと思われるのは12頭しかおらず、他は全て、タイ、マレーシア、インド、スリランカなどの名前がついていて同じものは1頭もない。例えば、多摩にいる長寿のセイロンゾウ、アヌラは当時のバンダラナイケ首相が自身の息子さんの名前からとった。12頭の個体もすでに名前があったのであろうが、日本に来て再命名したのであろう。というのは、ゾウは小さい頃から調教するが、その際に名前を呼んで行うからである。これにはいくつか傍証がある。多摩動物公園にいるアフリカゾウのメスは、アコ、マコという名前になっているが、飼育担当はこれらをローラ、チーキと呼んでいる。彼らの名前は公募によって命名されたものだが、公募している間にも調教は行われていたからであり、飼育担当としては名前を変えるのはいささか都合が悪いのである。かくして二重の名前を持つことになる。この特徴は、特に制御が難しいオスに特徴的である。ちなみに２００６年に死亡したオスの「タマオ」は、「よっぺい」と呼ばれていた。

「樹花鳥獣図屏風」伊藤若冲
静岡県立美術館

オスの12頭の名前と言えば、「団平」「ジョン」「太郎」(タロ含む4頭)「フジ」「松男」「リョウ」「ダンボ」「ボン」「タイヨウ」である。太郎は昭和49年のが最後であって、それ以後はいない。この4頭の太郎たちの相棒のメスは、2頭が「花子」で、やはり「太郎」と「花子」なのである。

アフリカゾウが動物園に来園したのは、昭和40年(1965)で、アジアゾウと比べるとずっと遅い。アジアゾウよりも制御しにくいと言われたが、その誤解もあったのか、またアフリカのせいなのか分からないが、「○○子」はほとんどいない。「花子」もアジアゾウの代名詞なのだろうか、わずかに大森山と大牟田、秋吉台、別府、豊岡の5頭を数えるのみである。ちなみにこの5園、アジアゾウを飼育していない。花子はまずアジアゾウの名前で、この2頭を含め、「○○子」は「マコ」「ミミコ」「アコ」「マサコ」「ナツコ」くらいである。代わりに多いのは、メアリー、マリー、エミー、スーザン、アリスなど外国人の名前である。

# チンパンジーの名前

チンパンジーが初めて日本にやってきたのは、高島春雄氏によると大正10年（1921）頃、イタリアのチャリネサーカスが連れてきた個体であったという。動物園では昭和4年（1929）に熊本動物園が開園した時に、広島の羽田動物園という動物商とも金持ちともつかぬところから購入したのが最初である。この個体は、名前も不明でその後の消息も分からない。昭和5年に大阪・天王寺動物園に入った「リタ」は芸達者で有名になり、動物園の性格を一変させた。動物に見世物やサーカス的な芸をさせて入園者を増やしたのである。京都動物園も昭和9年、「トミー」を導入して人気をとった。ちなみに上野へは、昭和13年にラインハルトとハビーナの2頭が来園している。昭和初期にもなると動物にも名前がつけられることが分かるが、元々つけられていたものをそのまま使っている。

戦前のチンパンジーは、大阪のリタを除いて短命である。当時は抗生物質などない時代であったから、人間も結核にかかると死の病であった。結核菌がウヨウヨしているところでヒトと接触したわけだから、ほとんどが長生きしていない。大阪におけるリタの人気も、リタが例外的に長命であったことと関係していよう。

戦前期にあっては、チンパンジーに限らずアフリカ産動物は数少ないが、戦後になって続々と来日するようになる。飼育技術も向上したし、抗生物質も発見されたこともあって、数も多く長生きもしている。

動物園に登録されている個体数は、戦後で６９９個体ほどである。この６９９頭のうちには流産や逆児《さかご》、早世《そうせい》なども含まれていて、名前がつけられているのは６０６個体である。最近の動物園の職員は、他の動物園のチンパンジーの名前を知っていることが多いから、同じ名前をつけたがらない。混乱を避けるためである。とはいえ、同じ名前が全く見られないわけではない。

６０６個体のうち、オス２４８頭、メス３５８頭であり、そのうち最も多い名前はパンジーの7頭で、これは種名からくるものであるが、多いといっても圧倒的に多いわけではない。続いてオスではケン6頭、タロー5頭、ケンタ、ラッキー各4頭、メスではマリー6頭、サクラ、チェリー、ユウコが5頭、サニー、ナオコ、ナナが4頭である。

| | | | |
|---|---|---|---|
| パンジー | 7 | 日本人 | 226 |
| マリー | 6 | 外国人 | 134 |
| ケン | 6 | ペット | 93 |
| ユウコ | 5 | 外国語 | 42 |
| チェリー | 5 | 植物 | 38 |
| サクラ | 5 | タレント | 16 |
| リリー | 4 | その他 | 47 |
| ラッキー | 4 | | |
| ナナ | 4 | | |
| ナオコ | 4 | | |
| タロウ | 4 | | |
| サニー | 4 | | |
| ケンタ | 4 | | |
| アイ | 3 | | |
| ココ | 3 | | |
| ゴロウ | 3 | | |
| サツキ | 3 | | |
| サム | 3 | | |
| ジェーン | 3 | | |
| ジミー | 3 | | |
| ジョー | 3 | | |
| ジョニー | 3 | | |
| チーコ | 3 | | |
| チコ | 3 | | |
| チビ | 3 | | |
| テツ | 3 | | |
| ハナコ | 3 | | |
| ポコ | 3 | | |
| ヨウコ | 3 | | |
| ルビー | 3 | | |

チンパンジーの名前と分類
（3 頭以上）

（右上、左上）活躍するリタ
© 大阪市天王寺動物園

（右下）リタとロイドの像
© 財団法人東京動物園協会

全体的な特徴としては、人にも使われる名前が多いことで、日本人だとケン、サクラ、ユウコ、サクラなど226頭、外国語ではマリーなど134頭にのぼり、人名と共通する名前は合計360頭約60%を数える。他の類人猿であるゴリラやオランウータンとの場合は、種特有の名前が多く見られるのと比べ対照的である。

外国人と日本人名とを比べると、戦前と戦後初期に来日した個体は、ビル、ジョニーなど外国人名であったが、次第に日本人的な名前が多くなる。犬や猫には、その種特有の名前があり、同じ様に人にはつけないが、動物にはよくつける名というのもある。ラッキー、ハッピー、サニー、コロ、ココといった名であり、こういう名前はチンパンジーでは47頭しかいない。タレントやキャラクターからいただいた名も16頭と少数である。チンパンジーに人との共通性を見い出してきていることの表れと考えることができる。また、芸をやめることで道化的な行為を求めなくなっていることも関係しているだろう。

犬や猫には見られる、ただ呼ぶためだけに便利な名はほとんど見られない。音節も1音節のものはほとんどないが、同時に長音節のものも少ない。

ところで、同じ類人猿のゴリラやオランウータンの名前についてもふれておこう。

現在、動物園に登録されているゴリラは78頭で、オス40、メス38となっている。複数の名前があるのはゴンタ、リッキーの3頭をはじめとしてコンゴ、ハナコ、メリー、ローラの2頭ときわめて少ない。しかしゴリラの名には特徴がある。まず「ゴ」の頭文字であり、ゴンタ、ゴリ、コンゴなど10頭を数える。「リラ」もあれば「ラリ」もある。オスのゴリラは強さの象徴でもあり、それにふさわしい名前が多い。キング、ドン、ドラム、ムサシなどがそれに当たる。またオスでは日本人の名前にもつける名が少なく、ダイスケ、ケンタなど5頭を数えるのみである。メスは逆に人の名前と共通のものが多い。ゴリラは日本人にとって戦後の動物である。

同じ類人猿のオランウータンはどうであろうか。オランウータンの生息地はボルネオとスマトラであるが、スマトラはともかくボルネオ島は早くから開けており、日本との交流も稀ではなかった。しかし記録に残る限りでは初来日は遅く、寛政4年というから1792年と比較的新しい。この個体は長崎で死んでおり、次に寛政12年にも来日して、絵師の荒木如元《あらきじょげん》の描いたオランウータン図が残されている。実物のオランウータンが人の目にふれるようになったのは明治31年（1898）、上野に来園した個体で、引き続き浅草花屋敷にも来ている。上野の個体はオスで、4ヶ月ほどで死亡しているし、花屋敷の個体は火災で焼死している。この後上野には16頭が来園

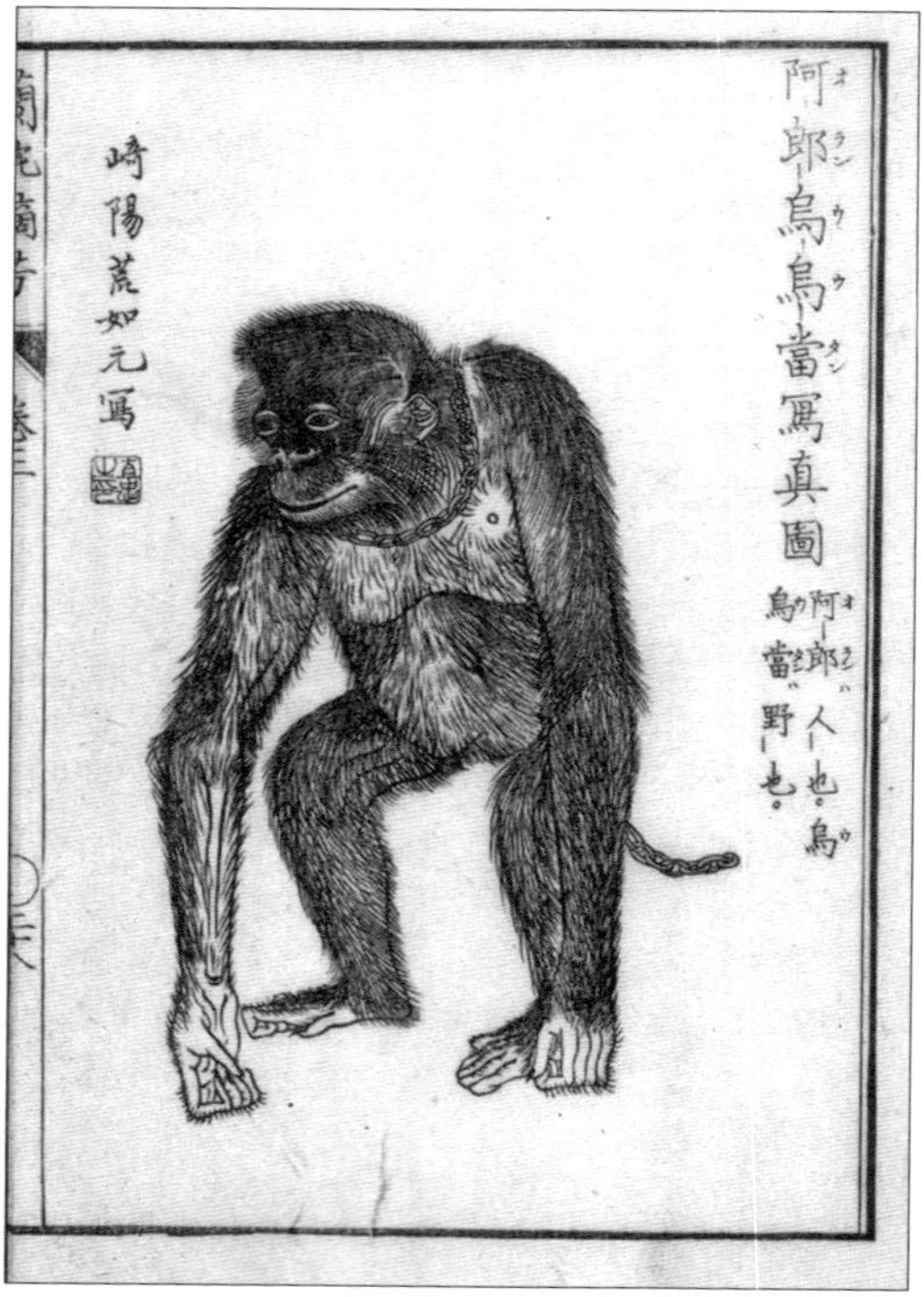


荒木如元の描いたオランウータン
（大槻磐水『蘭畹摘芳』　神戸市立博物館）

しているが、いずれも短命である。チンパンジーといいオランウータンといい、戦前の類人猿は結核など人獣共通伝染病にかかったとしか考えられない短命さであり、これはどこの動物園でも共通している。ただチンパンジーには名前がつけられているが、オランウータンには名づけられたものはほとんどいない。少なくとも上野に来た個体には名前はない。従って、名前の探求は戦後来日の個体ということになる。

戦後最初に来日したのは、昭和30年（１９５５）に上野に来たモリーで、次いで多摩動物公園が開園した時にやってきたジプシーである。この2頭は現在でも老いてますます盛んで、モリーはお絵描きに、ジプシーは何でも屋の探求者で遊び達者である。

オランウータンの登録頭数は１４４頭で、そのうち8頭は死産など名前がついていないので、対象となるのは１３６頭になる。この１３６頭のうち同じ名前のものはウータンが3頭、ジュリー、ジャック、タローが2頭いるだけで、あとは全て別の名である。オランウータンならではの名前は、ランコ、ウタン、ウータン、ウーコ、オークン、タンタン、ウータロー、タンゴ、ランタ、ウランで、これにモリー、ボルネオ、モリト、森男、ジャワ、バリを付け加えておこうか。オランウータンの文字はどれも命名に使えるので多様化するのかもしれない。

日本語と外国語とを比べると、圧倒的に外国語的な名前が多く、チンパンジーが日本語化しているのと比べると対照的である。○○子といった名前もほとんど見られない。日本語化するのは擬人化度が高いと思われるが、ゴリラもオランウータンもチンパンジーと比べると擬人化されにくいのかもしれない。

## 【猩々《しょうじょう》、大猩々、黒猩々】

中国の伝説上の動物名を現実の動物にあてはめるのはよくある話であるが、それがとんでもない誤解を生むことがある。ライオンと獅子、キリン（ジラフ）と麒麟、ツルと鳳凰、バクと貘などが有名だが、これらは厳密には対応関係にはなく、それはキリンを見れば分かることである。

オランウータンもかつて猩々《しょうじょう》と呼ばれ、後続してアジアにもたらされたゴリラとチンパンジーは大猩々、黒猩々と名づけられた。想像力のない名づけのような気もするが、類縁関係を示すには良いのかもしれない。さらに後に発見された同じ類人猿のボノボにはこうした名はない。皆さんつけてみませんか。

さてオランウータンが明治31年に上野に来て、次いで浅草花屋敷に来た頃の話である。猩々は古く『和名類聚抄《わみょうるいじゅしょう》』にも記述が見られ、「能ク言フ獣ナリ。…獣身人面、好ミテ酒ヲ飲ム者也ト」と中国の典籍を引いて説明している。室町時代に成立した謡曲「猩々」では、酒を飲んでほがらかになる姿が描かれる。猩々には酒がつきものなのである。当時、上野のオランウータンを見て、「何故、酒を飲ませないのか」という投書があった。この人、浅草の花屋敷に行って酒を飲ませようとしたという話もあるが、真偽のほどは分からない。上野の話は事実である。

江戸時代は天保3年に福井春水という人が物産会を開いて、そこでオランウータンの毛皮を展示した。このオランウータンは寛政12年に渡来して死んだ個体であるが、そこに書いてある和名は猩々ではなく、何と「西洋人同《せいようじんおなじ》」だったそうだ。かの分類学の始祖リンネが最初にオランウータンを見て分類したときはHomo属だったというから、オランウータン、特にその子どもは人と同じに見えても不思

「猩猩」（『和漢三才図会』巻之四十／寺島良安編／国立国会図書館、同館ホームページ「近代デジタルライブラリー」より転載）

議ではないのかもしれない。

猩々については不思議な話がある。高島春雄の著書「動物渡来物語」では、大猩々、つまりゴリラの初渡来は昭和29年、前述の日本動物園が持ち込み、昭和30年元旦に岡崎東公園で初目見得したとある。この岡崎東公園には現在動物園が設置されているが、このことと関係しているかもしれない。それはさておき、鹿児島の平川動物公園の30年史には、平川動物園の前身である鴨池動物園に、大正5年12月ゴリラが来園したという記事があり、鹿児島新聞は大正5年12月20日の記事にも「ゴリラと大猩々」という見出しでゴリラが来園したと報道されている。記事によればアフリカ産のゴリラとシンガポール産の大猩々を大阪にある商船社員から買って、正月から展示するという。ここでいう大猩々はもちろん、猩々であるオランウータンの大きな個体であろう。問題はゴリラである。これが本当だと定説を覆すことになるからである。そこでもう一度鹿児島新聞に戻ってみた。正月から見せるというのであるから、記事があるだろう。元旦の広告に「ゴリラと猩々」、「正月一番の見もの」、「日本唯一」と見出しが踊っている。1月14日の記事に「大猩々」見聞記が掲載されていて、記者の表現を借りると「ドス暗い大きな貌に、松の根ッ子を見たような無器用な手附きをして、字などはとても書けそうでない、身体髪膚悉く立憲的なところが呼び物となって、大層な人群である。見ている人の顔の方が面白い」などと記事を終わっている。立憲的という形容は、よく意味が分からない。猩々、大猩々、ゴリラと呼称が混乱しているので、写真があると一目瞭然なのだが、表現からするとどうやらゴリラと見てさしつかえないと思われる。

## 【日本動物園の開催した「世界動物大博覧会」】

まず名前がおおげさなのに驚かされてしまう。ところが実際にあった団体とイベントで、あながち誇大宣伝ともいえないところがある。戦後のゾウ人気にあやかって、ゾウやゴリラなどの「珍獣」を買い集めて、貨物列車やトラックで全国を股にかけて興業した。現在はもちろん、当時でも誰もきちんとした「動物園」とは認めないので、歴史のなかに埋もれてしまった。

しかし昭和27年（1952）から10年余の間は、全国各地で人気を集めた。日本の動物園が手に入れにくい希少動物を見せたのだから、入場者はすごかったらしい。後楽園球場（現在の東京ドーム）のグランドに、動物を収容して見せたというのだから規模が分かる。

動物園の大先輩である小森厚さんは、キリンが交尾している写真を撮影している。写真家の宮嶋康彦さんは別の視点から関係者に取材していて、彼の著書によると、その当時動物園では飼われていなかったゴリラ5頭、アフリカゾウ2頭がいて、アジアゾウは22頭、キリンは40頭持っていて、移動するのに国鉄（現在のＪＲ）の貨車２００両が必要だったというから恐ろしくなってくる。

野生由来の大型動物を移動させるのは一大事だ。貨車に積むのも、長い時間狭い所に押込まれるのもストレスであり、彼らが長生きしなかったのは当然と思われる。そして各地に動物園ができて、キリンやゾウが珍しくなくなってきた昭和30年代、放漫経営もあって、新しくできた動物園に動物を売るなどしながら次第に縮小して、消えていった。

# マレーバクの名前

バクには中南米に分布する数種と、アジアには1種しかいないマレーバクとがある。こんなに離れた2つの地域だけに生息している動物学的理由を述べると長くなるので省略するが、古いタイプの動物であるとだけ言っておこう。バクの名前は古くから日本に知られていたが、それが野生動物としてのバクなのか、想像上の動物としての貘なのか、よく区別がつかない。『古事類苑』では、「怪獣」のカテゴリーに入れられていて、動物学的な説明は「骨が硬い」以外書かれていない。江戸時代の辞典とも言える『和漢三才図会』では、中国の『本草綱目』を引用した説明がなされており、挿絵があるが、これは面白い。つまり『本草綱目』の説明は「黒白のまだら文」とあってこれは理解できるが、挿絵は「斑点」になっていて、人から人への誤った情報は、どのように伝わるのかがよく分かる。

ところがこんなに知られた動物で、しかもアジア産であるにもかかわらず、日本に来たのは遅くて明治になってからである。明治36年（1903）に大阪の天王寺で第5回内国勧業博覧会が催されていた時に展示されたのが最初である。この博覧会に展示され

「貘」（『和漢三才図会』巻之三十八／寺島良安編／国立国会図書館、同館ホームページ「近代デジタルライブラリー」より転載）

た動物は、終了後、府立の博物場に収容されたはずだが、ここでバクの消息はとだえてしまう。大正初期に京都動物園に来園したと言われるが、大正5年（1916）の「京都市動物園案内」には掲載されていない。昭和3年（1928）になって、浅草花屋敷にやって来た。この少し前に、移動動物園に来たことがあると高島春雄氏は書いている。その後は戦後もかなり後になるまで動物園にはやってきていない。不思議な話ではある。

戦後になって日本の動物園に初めて来たのは、昭和32年（1957）、開園前の多摩動物公園である。以降繁殖した個体を含め96頭が全国の動物園で登録されている。

そういえば、多摩動物公園に最初に来園したマレーバクには名前がつけられていない。その後昭和35年、39年と来園しているが名前はない。最初に名づけられたのが、それから約10年たった昭和41年に来た個体でオスがブチ、メスがフクコ、ユメコという名前である。その間、名古屋、大阪などにも10頭来園しているが、いずれも名前はない。命名には周囲にお披露目をして承認をえるという機能がある。飼育担当者はおそらく名前をつけて呼んでいたであろうが、それをお披露目する必要がなかったと思われるのだ。つまりバクは人気のない動物だったのである。

バクといえば夢を食うというのが定番で、マレーバクの名前は「夢」だらけである。名前をつけられている80頭のなかでユメコが5頭いて、ほかにもユメキチ、ユメミなど11頭がいる。また「トム」など夢（ム）と思われる名がやはり11頭いて、全体では27・5％が「夢」がらみである。いかに夢の連想が高いか分かる。ほかにはマレー語やインドネシア語とおぼしき名が7頭、幸せに関係があるフクなどが5頭である。マレーバクの名前はまことに素っ気がない。

獏はどの資料を読んでも夢（悪夢）を食べて、人に幸いをもたらすと書かれている。ただこれは日本固有のことらしく、中国にはない習慣である。ただし、交趾《こうし》（現在のベトナム）では似たような習慣がるという説もあるから、全く日本固有とは言いきれない。節分や大みそかに宝船の絵を描いて帆のところに「獏」と書き、それを枕の下に入れておくと効果があると言われて有名になった。

動物園での人気動物はパンダやコアラ、ゾウ、キリンなどを別格として、トラやライオンなどのネコ科、霊長類に集中している。草食系の有蹄類、ゾウやキリンなどの異形な動物やシマウマなどの色がはっきりした動物を除いて人気度は高い。マレーバクはよくよく見ると結構変わっているのだが、特徴がよくわからないと言える。個体名をつけるのがこんなに遅れたのは、これといった特徴もなく、また動物園でなかなか繁殖しなかったせいもある。もっとも、マレーバクに関する文献や情報は圧倒的に少ない。絶滅が心配されているにもかかわらず野生での研究が進んでいないのだ。ちなみにアメリカ産のブラジルバクは、昭和8年（1933）、ハーゲンベック・サーカスが来日した時に同道してきて、そのまま京都市動物園で飼育された。

マレーバクは深い藪《やぶ》に住む動物である。動物園では展示していても、藪や展示場の隅に隠れてあまり表に出てこない。しかしいったん興奮するとものすごい力持ちであるから、頑丈な柵が必要で、お客さんに近くから見せるのが難しかった。こうした問題は、強化ガラスの発達によって解決され、現在ではガラス張りの運動場や水槽状に作った展示場にすれば、比較的近くで見ることができる。マレーバクの人気が高くなったのはそのせいではないだろうか。今では結構人気の高い動物の一つになっている。

# 多摩動物公園のキリンの名前

キリンはご承知のとおり首の長いことと、背の高いことを最大の特徴としている。日本に最初にキリンがやってきたのは明治40年（1907）で、ドイツのハーゲンベック動物園からであった。動物舎から柵や網をなくして無柵放養式のハーゲンベック動物園が開園したのは正にこの年で、それまでハーゲンベックはサーカスと動物商として有名であった。この年までに上野動物園ではライオンやホッキョクグマなどをハーゲンベック・サーカスから輸入している。ハーゲンベックは、野生動物をアフリカに直接捕獲に行くなどして入手して、それをサーカスで得た技術を使って人に馴らした上で各動物園に販売していた。

最初に上野に来たのはオス・メスの2頭で、オスはファンジー、メスはグレイと名づけられていた。おそらく動物園の動物で名前が公表されたのはこの2頭のキリンが最初だったと思われる。ゾウやライオン、カバは既に来日しているが、名前は記録されていない。しかしこの2頭のキリン、名前が有名になる前に来日1年で死亡してしまった。日本の寒い冬を越すのがなかなかうまくいかなかったのである。

最初のキリンこそ外国語の名前をついていたが、2度目に来た昭和8年（1933）には日本の名前になっている。長太郎と高子である。この2頭の子どもは、高男と長次郎で、いずれも昭和17年、井の頭自然文化園が開園したときに移動している。

ところでキリンは何故「キリン」なのだろうか。キリンの英名はジラフで、キリンは中国の伝説上の動物「麒麟」からとったことは言うまでもないが、この麒麟はジラフとは全く似ていない。ハーゲンベックから日本に輸入したときに、種名の日本語表記をどうするかで一悶着あった。当時、上野動物園監督として輸入の指揮をとった石川千代松という東京大学教授がいて、彼は中国の文献にもジラフをキリンとして描いた絵があるといって、民衆がキリンと呼んで親しんでくれるのならキリンで良いではないかと主張した。東大で石川の先輩に当たる飯島魁は、キリンはあくまでも伝説上の動物であるから学術的にもジラフと呼ぶべきだとして新聞紙上で論議をひきおこしている。この論争は、あまりにもキリンが有名になってしまい、学問上の結論が出る前に事実上の決着がついてしまった。以後キリンで通用してしまっている。

さてキリンの名前であるが、上野の名前でも分かるように「高」いと「長」いのは、キリンの名前の中心テーマである。

今回の調査は多摩動物公園の資料を使わせてもらった。多摩動物公園はキリンの宝庫である。昭和33年（1958）に開園して、昭和35年には2頭のキリンがやって来て「高太郎」「高美」と名づけられている。面白いことに「長」の字は昭和42年に繁殖した「長江」に初めて使われている。多摩では昭和39年、初めて子が生まれて「高一」と名づけられ、以後164頭の子どもをつくっていて、これまで飼育したキリンは183頭にのぼっている。外から入ってきたのは19頭だ

『動物図譜』ヤン・ヨンストン　府中市美術館

けである。もっとも出産時に死亡してしまい名づけられていないのが28頭いるから、名前があるのは155頭である。一つの動物園では同じ種類の動物に同じ名前をつけないから、多摩のキリンの名前は、同一の動物園での命名パターンを示すことになる。

タカのつく子は、11頭いて、全て「高美《タカミ》」の子である。昭和56年（1981）に10頭目の子が生まれた時、もうこれ以上は生まなくてもいいという意味をこめて「タカトメ」と名づけた。トメはうち止めのトメである。ところが2年後にまた子どもをつくってしまった。そこで父親の菊高と母親の高美の名を公約して「高」と名づけた。本当にこれ以上はない、ということだ。

「長」はやはり多く9頭で、昭和32年（1957）に生まれたナガエの系統をひいているが、ナガエの両親は高太郎と高美で、「長」

の名前は「高」の名前の分家筋といえる。同じような傾向の名には「伸」（ノブ）がいる。正に背が伸びる意味であり、これも9頭いる。これも始まりはノブエであり、両親はタカタロウとハルカゼで、ノブエの系統はここから始まり、ノブエは最多出産記録19頭をつくっている。このようにキリンの名は、母親の名をとって系統を分かりやすくしてある。それにしても、やはりキリンはキリンの名で、高、長、伸といったキリンの特徴をつけている。

キリンの特徴を示しているわけではないが、多いのには「たま」「京」「春」「桜」がある。最初は東京、多摩、春（桜）に生まれたということでつけられたが、後にはその系統を意味するようになった。もっとも「たま」は多摩ではなく「珠」の文字が当てられている。実際数えてみると、春は22、桜は4、多摩4、京2、桃4でハルカゼの系統が多いことを示すとともに、系統がとぎれてしまう場合も多いことを示している。

「麒麟図」　増山雪斎　個人蔵

太郎や次郎、○子、○江は定番である。珠桜の最初のオスの子はタマタロウなど頭文字の下にタロウ、ジロウと続けるケースは多い。たまにタロウの次がサブロウになったりすることもあるが、これはジロウとつけるはずの子が名前をつける前に死んでしまったりするとこうした名前のつけ方をする。

ところでこうした伝統とも言える命名法は、平成に入るあたりから減少しはじめて、平成5年（1993）のモモゴロウを最後に、姿を消して行く。モモゴロウの後の名前は、サキ、ナオ、ヤマト、カナコ、ユウキなどとなり、これは全く人の名前である。いくつかの例外を除き人の名やサザンカとかノンノ、ルルといった可愛らしさを強調する名前へと変わっている。こうした変化は担当者が変わったことなども影響しているが、時代的風潮としてもあまり記号化、パターン化した名前を避けて、お客さんを意識した名前をつけるようになってきている。ところで、100頭目に生まれた子には「百太郎」、150頭目は1月1日に生まれなので「夢」と名づけられている。平成10年（1998）のことである。

▲多摩動物公園のキリン。著者撮影。第3章参照。

# コアラの名前

コアラが日本に初めてやってきたのは、昭和55年（1980）、多摩、横浜の金沢、鹿児島の平川の3園にほぼ同時に来た。オーストラリアからの輸出は厳しく制限されていて、動物舎の構造や広さが決められているだけではなく、コアラの餌であるユーカリの安定的な入手が条件になっている。また、その後、来日後の日本国内での移動や繁殖などにも「アンバサダー・アグリーメント」という約定によって、オーストラリアの許可が必要になっている。この「アンバサダー・アグリーメント」を結ばないと、以後コアラは約定に合意しない園には出さないとされている。

コアラが初めてやってきた時は大騒ぎであった。例えば、多摩動物公園について言えば、動物舎は3ヶ月くらいの短い間に突貫工事で建てられ、一時はお客さんよりも工事作業の人の数が多いという椿事《ちんじ》も起きた。ユーカリの確保はさらに大変で、都内の公園、伊豆諸島、静岡、千葉などに栽培地を求めて奔走している。日本の台風などでユーカリが全滅してしまわないように分散栽培をはかったのである。ユーカリには500種あると言われているが、個体によっても時期によっても食べるユーカリの種が異なることもあって、30種前後のユーカリを常時栽培しなければならな

コアラ　© 財団法人東京動物園協会

い。コアラの飼育には神経を使い、ある動物園ではそれを苦にして飼育担当者が自殺するという不幸な事件も起きた。

来園してからも、多摩では奥に位置するコアラ舎まで、入園者の列が入り口から続いたこともあった。

コアラはこれまで197頭が飼育されている。コアラは有袋《ゆうたい》類だから、生み落とされて袋に入れない場合や袋のなかでうまく育たない場合が少なからずあって、約5分の1が育たない。有袋目以外だと流産に相当すると考えてもらえば分かりやすい。

最初に多摩と横浜・金沢にやって来た個体には、モクモク、ネムネム、タムタム、トムトムなど、2文字を繰り返す名前がつけられた。名前をみれば雰囲気が分ろうというものだ。タムは多摩と夢、トムは東京都と夢で、ご当地の名である。ふたつの文字をくりかえすのは可愛らしさを表情するときの命名法で、広く解釈すれば、ララとかココもこれに含まれるかもしれない。このケースが19頭いる。最初はくりかえし2文字を使うが、次第に似たような名前になって限界がくるのと、そのうちコアラが当たり前の動物になってきて、そこまでやれなくなってしまうのだろう。「くりかえし文字」による命名は、人気の象徴でもあるのだ。

もっとも多いのが日本人の名前で56件あった。このなかには、オサムとかタカオといった一時代前の名前も含まれている。次に外国人の名前が42件、ヨーロッパ系のミッキーとかビリーなどの他にアボリジニー系の名前も含まれていた。コアラにちなんだ名、例えば豪州の豪、シドニー、南方から来たという意味でミナミ、ユーカリと関係させてユカリなどは少なく7件で、英

語、植物、日本の地名などが約20件見られる。

イヌでは「食べ物」の名前をつけるのがはやっていて、コアラにもつけられている。最初に現れたのが１９９６年のマーチで、その後しばらく登場しなかったが、プリン、ショコラ、ココア、パインなどが平成になって出現している。

よくあるパターンなのであるが、健康を願って「ケン」「コウ」、幸福で「コウ」「フク」なども見られた。ホップ、ステップ、ジャンプもいる。

同じ名前は比較的少なく、コウ、ミナミ、ミドリが各3頭で、あとは2頭以下である。これは動物園間を繁殖目的で移動することがあるために、名前の重複を避けるという配慮が働いているためと思われる。コアラ飼育関係者は、定期的に「コアラ会議」という会議があって、情報の交換、技術協力、繁殖のための移動などが積極的に行われているので、同じ名前はつけにくい。

コアラの名前は、来日当初は「くりかえし名」が使われたが、次第にヒトの名前に変化してきていて、イヌやネコにつけられる名前はほとんど使われなくなった。ヒトの名前も、日本人、外国人、植物からオサムまで、全般的に使われている。色や形、物などは極めて少ない。名前をつける時に公募するケースがあるが、コアラは人気者だから来園者からの公募が多いのではないかと推測される。公募になるとヒトの名、特に日本人の名が多くなるのである。

# 上野のニホンザルの名前

日本の動物園に欠かせない動物と言えばニホンザルである。全国の少し大きな動物園に行くと必ずと言って良いほどサル山がある。このサル山の発祥の地は上野動物園で、昭和6年（１９３１）にお目見えした。それ以来、全国のサル飼育施設はこのサル山をモデルにして作られているが、実はニホンザルの生息地は樹林地だから、むきだしの岩の塊のようなサル山は似つかわしくないことになる。平成（１９８９〜）になって周辺の整備・改修を行うことになって、サル山の改築が話題にのぼったが、あまりに親しまれているので残されることになった。上野のサル山はニホンザルの生息地に似てはいないが、それはそれとして極めてよくできている。雨風がどの方向から降っても吹いても、どこかにサルの避難場所が確保されており、造形的にもすぐれている。またニホンザルをどの方向からもよく観察することができる。

ニホンザルの出産時期はいつかと言われると、大抵の本には秋に交尾して妊娠期間が１７０日くらいだから春生まれると書いてある。ところが上野のサル山では冬にメスが発情して6月から9月くらいまでに新生児がそろう。これは例外とまでは言えないが数少ない例である。

サル山　© 財団法人東京動物園協会

ニホンザルは群れを作って生活する。生まれた子どもの父親は予想することはできるが、はっきりとは分からない。母系社会なのである。群れを作る動物は個体の識別が難しい。もちろん、飼育係はその道のプロであるから見分けることができるが、担当者でないと分からないといけないというので、顔に入れ墨をする方法も使われる。

上野動物園の群れは、昭和23年（1948）屋久島から導入した12頭の個体から始まっている。最初に名づけられた個体は、ダンジュロー、ヨサブロウ、ノッポ、ハヤジニ、ジョセフ、ナナシ、ジョセフィン、モモコ、ハンガク、アカ、ベソ、オニババアであった。戦後の気分を偲ぶことができる。

こうして群れが作られ、毎年の子どもが生まれるようになって、群れは大きくなっ

サルの親子　© 財団法人東京動物園協会

ていった。さて、毎年10頭近くの子どもが生まれるようになって行くと、名前をつけても覚えるのは大変である。そこで昭和45年（1970）に飼育係の川口さんは面白いことを思いついた。母親の系統と生まれた年が分かるような方法である。さてどういう方法かというと、まず昭和45年は「鳥」をテーマにした。まずメスに「ヒメ」という個体がいた。次に、ヒメの系統は「ヒ」を使うことにする。そこで鳥だ。生まれた子どもは「ヒバリ」と命名する。こうしてヒバリはヒメの子で、昭和45年生まれということになる。昭和45年から毎年使われた名前のカテゴリーは表のとおりである（111頁）。ところでこの命名法は、長い間使っているといささか厄介な問題を引き起こす。例をあげるとヒメの子は昭和45年のヒバリと昭和52年お菓子の名前を使っ

た「ヒガシ」（干菓子）である。ヒバリを例に取ると、ヒバリの子どもはヒを使わないで「バ」を使うから、バームクーヘンとかバイオリン、バーナードなどとなる。何が問題かと言えば、母親になる可能性のある子ども、つまりメスの子は、それぞれ一つずつ固有の文字をもつ。ヒメは「ヒ」、ヒバリは「バ」、バームクーヘンは「ム」である。そうなると文字は48文字プラス濁音、半濁音、を加えても73文字までしかない。サル山には50頭くらいの個体がいて、当然のことだが半分はメスである。ニホンザルの寿命は長寿記録としては38歳というのがあるが、おおむね20歳くらいである。２世代は同じ文字が使えないから35年くらいは同じ文字が使えない可能性がある。その間に73文字全てを使い切ったらどうするか。

まだ問題はある。こうした名づけにふさわしいテーマを見つけ出すのが大変なのである。例えば、「ヂ」と「バ」と「ヌ」しか残っていないとすると、これらを全て含んでいるのはどういう分野だろうか。平成に入っていささか苦しくなってきたのか、「カニ」などというテーマが選ばれている。毎年この時期になると担当者は頭を悩ませる。

名前であるが、全部で４２９頭で、テーマが導入されて以後は、３６０頭が生まれ、育っている。特徴としては、名前が長いことである。犬猫では、音節が2.2音程度で、動物園動物全体で見るとおおむね2.6程度である。テーマ方式以前のサルは、２・63であったが、導入以後は３・94にまで伸びている。最も長いのは、９文字でロウカクコブシガニ、８文字ではソシガヤオオクラ、７文字だと6種類ある。頭文字の行で見ると、ナ行がほとんどいなくて5個体だが、それ以外は平均して分散している。最も多く使われる頭文字は、シで21、ヒが20であった。ケ・ニ・ヌ・

ネ・ノ・ルを頭文字にしている名前はない。当然、同じ名前はないと思うところだが、二つも同じ名前がある。リキシとキンカンである。リキシは職業と酒、キンカンは植物と薬。命名の名人の手からもれたのか、確信犯なのかは当人に聞くのをはばかられた。

最後に、次の名前はどのテーマを使ったのか、考えてみませんか。（※答えは253頁下）

①オヨギピンノ　②ウェイ　③ソルデス　④ダナエ
⑤ムスイエン　⑥ユーホアン　⑦レーテル　⑧ワレコウ

**年度のテーマと名前の例**

| 年 | | テーマ | 例 | |
|---|---|---|---|---|
| 昭和４５ | 1970 | 鳥 | ヒバリ | モズ |
| 昭和４６ | 1971 | 魚 | アユ | ミノカサゴ |
| 昭和４７ | 1972 | 昆虫 | ハンミョウ | マツムシ |
| 昭和４８ | 1973 | 草花 | モミラン | アザミ |
| 昭和４９ | 1974 | 都市 | チチブ | ヒメジ |
| 昭和５０ | 1975 | 山 | ロッコウ | アサマ |
| 昭和５１ | 1976 | 酒 | アイヅホマレ | ホロヨイ |
| 昭和５２ | 1977 | 菓子 | バームクーヘン | モナカ |
| 昭和５３ | 1978 | 車 | マーキュリー | クラウン |
| 昭和５４ | 1979 | 楽器 | バイオリン | サックス |
| 昭和５５ | 1980 | 星座 | ペガスス | ワクセイ |
| 昭和５６ | 1981 | 薬 | イサン | チンクユ |
| 昭和５７ | 1982 | 料理 | トンカツ | イリタマゴ |
| 昭和５８ | 1983 | 元素 | ムスイエン | コバルト |
| 昭和５９ | 1984 | 世界の都市 | タシケント | イエナ |
| 昭和６０ | 1985 | 野菜 | サトイモ | ムカゴ |
| 昭和６１ | 1986 | 世界の川 | イラワジ | オリノコ |
| 昭和６２ | 1987 | 色 | ムラサキ | サクロイロ |
| 昭和６３ | 1988 | 果物 | ダイダイ | バナナ |
| 平成元 | 1989 | 音楽 | サンバ | ロック |
| 平成2 | 1990 | カニ | ソデカラッパ | マツバガニ |
| 平成3 | 1991 | 樹木 | プラタナス | ウルシ |
| 平成4 | 1992 | 民謡 | ソーメンカケウタ | マダラブシ |
| 平成5 | 1993 | 都内の駅 | マゴメ | ムサシコヤマ |
| 平成6 | 1994 | 放送関係 | プレーヤー | マイク |
| 平成7 | 1995 | 遊び | ムシトリ | フクワライ |
| 平成8 | 1996 | 野球 | マンルイ | キャッチャー |
| 平成9 | 1997 | 島 | タスマニア | プサラ |
| 平成１０ | 1998 | 恐竜 | タルボサウルス | プテラノドン |
| 平成１１ | 1999 | 乗り物 | ユーフォー | ブルドーザー |
| 平成１２ | 2000 | 音楽 | タンゴ | セレナーデ |
| 平成１３ | 2001 | 気象 | フウソク | キリサメ |
| 平成１４ | 2002 | サッカー | トラップ | レッドカード |
| 平成１５ | 2003 | 江戸時代 | メヤスバコ | ヤジキタ |
| 平成１６ | 2004 | 神話 | ヨウィス | ドリュアス |
| 平成１７ | 2005 | 大工道具 | タガネ | ヨコビキ |
| 平成１８ | 2006 | 職業 | ヤクシャ | コウムイン |
| 平成１９ | 2007 | 教科・科目 | コクゴ | メンエキガク |
| 平成２０ | 2008 | 数学 | スウレツ | メイダイ |

# レッサーパンダ、パンダの名前

昭和47年（1972）に、日中国交正常化のしるしとして中国から贈られた2頭のパンダ、カンカン（康康）とランラン（蘭蘭）は熱狂的な人気を博した。上野動物園の入園者は昭和49年の764万人をピークにして、来日以来10年間で6500万人に達し、さらにその後、昭和61年（1986年）にトントンが生まれた年には700万人弱の入園者を迎えた。ジャイアントパンダは動物園界のスーパーアイドルである。

平成（1989〜）に入って中国は、ジャイアントパンダの寄贈をやめて有償貸与方式に変えたために、中国以外でパンダを保有しているところはメキシコと台湾だけになって、他のパンダは全て貸し出されたものになっている。

ジャイアントパンダの名づけはそれ自体がひとつのイベントである。カンカン、ランランとその次に来たフェイフェイ（飛飛）、ホアンホアン（歓歓）は中国側の命名であるが、その最初の子チュチュが生まれて2日で死亡した後、平成4年（1992）に子どもが生まれた時は、全国から名前を公募して、そのなかから時の総理大臣夫人がトントン（童々）に決めるといった大騒ぎであった。国民的イベントまでのぼりつめたと言って良いであろう。

「ランラン」 © 財団法人東京動物園協会

名前について言えば、来園順に康康、蘭蘭、歓歓、飛飛、そして生まれた初初、童童、悠悠、悠々と交換で来た陵陵（リンリン）、さらに陵々のペアの相手として一時的にメキシコからきた双双（シュアンシュアン）の全ては、同じ文字のくりかえしである。１９９０年までに世界各国に輸出されたジャイアントパンダは、メキシコの貝貝（ペペ）、迎迎（インイン）、アメリカ・スミソニアンの興々（シンシン）、玲玲（リンリン）、スペイン・マドリードの佳佳（チアチア）、紹紹（シャオシャオ）など同じ命名法によっている。ところで中国は同じ頃から繁殖成功例が続き、個体数が増加するにつれて命名の限界がきたのであろう。92年に生まれて、94年にアドベンチャーワールド（和歌山）に来園した2頭のオスは永明、蓉浜と従来の命名法からはずれている。アドベンチャーワールドでは7頭の子どもが誕生しているが、何故か父親の永明の名前もつけずに全て「○浜」と名づけられている。父親の永明の名をもらったのは06年に生まれた「明浜」だけである。

同じ文字を重ねるのは中国の命名法であるが、同時に可愛らしさを表現することができる。いかにも赤ちゃんらしいのである。

ところでこの同じ漢字2文字を使って命名される種は他にもある。中国産のレッサーパンダとキンシコウである。レッサーパンダが日本に来たのは古い。大正4年（１９１５）に2頭、上野動物園に来たが、1ケ月くらいで死んでいる。筆者が上野動物園に勤務していた時、古い台帳を見ていたら「パンダ」と書いてあるのに驚かされた。すぐにレッサーパンダのことと理解したが、一瞬何かの間違いかと思った。パンダという名前は元々レッサーパンダを指している。最初にレッサーパンダ（熊猫）が見つかりパンダと命名され、その後１８６９年にヨーロッパ人が初めてジャイアントパンダを目にした。そのうちパンダの呼び名はジャイアントパンダのものになり、元々のパンダはレッサーなどと形容詞をつけられ呼ばれるようになってしまった。庇《ひさし》を貸して母屋《おもや》を取られるの類である。中国名で熊猫というのもレッサーパンダのことであろう。でなければ猫などの文字は使うまい。

大正４年に来たレッサーパンダには名前はない。次に来たのが昭和30年（１９５５）とずっと後で、やはり２頭来たが、昭和33年多摩動物公園が開園した時に上野から多摩に移動している。これも名前はつけられていない。

レッサーパンダは現在４３２頭が血統登録されているが、登録個体のうち一番古い生まれは１９７５年生まれのものだから、それ以前との間に空白がある。

名前は圧倒的に「漢字重ね」である。なんと２１９頭、50・１％がこれにあたる。要するに半分がそうなのである。命名年代は、はっきりと分かれていて、１９９５年以前だと、２３７頭のうち１９５頭が使用していて、これは73・８％に上る。ところが96年以後だと22・６％にまで下がっているのである。次第に下がるというよりは急激に少なくなっている。このあたりで命名に影響をあたえる何かがあったのだ。実は、95年前後は、レッサーパンダの血統登録の準備時期で、しきりに各園での情報交換がなされていた。情報交換が頻繁になれば、どこの園でもユウユウ、ヤンヤン、リンリンなどと同じような名前がつけられているのが分かってくる。さりとて漢字の重ね文字を探すのも容易ではない。こうして急速にこのパターンは減少して行ったと考えられる。

漢字も名前は分類が難しい。同じユウユウでも、優、勇、友、遊などがあるし、陽などもヨウヨウと日本語読みにするか、ヤンヤンと中国語読みにするか、場合によって様々である。そこで音に基準に数量を見ていくと、最も多いのは、ユウユウ16頭、ヨウヨウ12頭、リンリン10頭の順で、美々、天々も8頭ずついる。以下、アイアイ6、ケンケン6、アンアン5である。１９９５年以前の重ね文字をさらに見ると、最初はいかにも中国的な漢字であるが、次第に日本と中国の折衷的な文字が増えてきている。暑々、春々、松々、星々などが登場するのはこの時期で、何か命名に困惑している様子が見える。

同じ2文字重ねでもララ、ココ、ナナ、キキなどがでてくるのは、２０００年を超えるあたりだ。この時代になると、全国でも同じ名前はほとんど使われなくなって、各園は比較的自由な名前をつけている。重ね2文字漢字で面白かったのは、丸々で「コロコロ」と呼ぶ、95年の作品で、いいえて妙である。風々をルンルンと呼ぶのも面白い。忍々、飲々、淡々なども独創性が感じられる。

さて、１９９６年以後の名前はどうなっているかというと、端的にいえば犬と共通している。アイ、アヤ、トモコなどの人の名、陸海空太陽大地星などの自然物、栃《とち》・橅《ぶな》・樫《かし》・檜《ひのき》・楠《くすのき》などの樹木やタンポポ若葉などの植物系、トマト、メロン、バナナなどの食べ物など、メスとオスの区別もしっかりあって、名前がペット化している。チョコはいないが、チョコチョコもそろっている。

# ニホンカモシカの名前

かつてニホンカモシカは幻の動物であった。昭和30年（1955）に国の特別天然記念物に指定された頃、ニホンカモシカは深山の動物として、つまりめったに見られない動物として知られていた。子どもの頃、切手を集めたことがあり、昭和20年代の後半から8円切手があって、そのデザインに描かれていたのがニホンカモシカであった。私はこの切手によってカモシカの存在を知った。

ニホンカモシカが本来1000mを越える山中に住む動物とされてしまったのは、明治以降、鉄砲や犬で低地を追い出されたためと思われる。面白いのはカモシカを使ったことわざが見られないことだ。古くからカモシシとして知られていたが、カモシシもことわざにはない。近頃では、都市周辺の切り立った崖で見られることとすらある程に回復している。

動物園のデータに登録されているのは400個体ほどで、これには早世した個体は含まれていない。動物園で最初に飼育されたのは、当然のことながら上野で、開園してまもない明治19年

カモシカの描かれた
8円切手

（1886）のことで、明治時代だけで6頭の飼育記録がある。

外国の動物園人が日本に来て一様に興味を示すのは、タンチョウとニホンカモシカで、両者とも日本固有の種だからである。タンチョウは厳密には大陸にも生息しているが、ほとんど飼育されていないので固有種扱いされて、明治以来、動物交換の際にはよく使われてきた。一方ニホンカモシカは、深山に隠れてしまったので、それほど捕獲できないし、たまたま手に入っても長期飼育が難しかったため、外国に送られることが少ない。外国人にとっては珍品で、日本を代表する哺乳類として扱われている。

外国に行ったニホンカモシカの名前は面白い。日本動物園水族館協会の登録個体としては珍しく、外国の動物園の個体も登録されているので見てみると、「あきた」「かしま」「やいた」など産地の名前がつけられたり、「ぼっちゃま」「ちゃん」から「ばしょう」などといった日本趣味まる出しの名前もある。「ばしょう」という名はペットを含めてもおそらく他の個体名にはない名前だと思われる。欧米人が日本の動物に名づけるときのセンスがしのばれる。

ニホンカモシカは特別天然記念物だから動物園では意識的に捕獲することはしていない。大抵が保護された個体である。親とはぐれたり、怪我をしていたりして保護された個体が動物園に運ばれてくる。そのためであろうか、名前には地名が多い。見つかった場所なのであろう。交尾期は秋で春に出産するのでハルなどもあるが、なぜかアキコが一番多い。秋に食料事情などもあって山から降りてくるためと思われる。

全体として人につける名前が4分の3を占める。なかでも樹木や花の名前が多く、あおきやあやめに始まって、くり、まき、わかばなどもある。ゆきとかみねもいくつか見られる。深山のイメージが雪なのか、山の峰を意味するのか。

ニホンカモシカはノーブルな動物である。崖地に立っているのもかっこいいし気品がある。高いところにいるのが似合うのだ。人の名前でも、オスにひろし、まさお、あきら、たけお、まなぶなどが複数出現する動物は珍しい。ひろい上げてみると次のようになる。

あきこ **8**　さつき **7**　るみ **5**
じゅんこ **4**　ゆき（こ）**4**　さちこ **3**
ひろし **3**　まさお **3**　まちこ **3**

**2頭いるもの**

あきら　あずさ　あやめ　けい　だい　たけお
ちこ　てつ　はつこ　ひろこ　まき　まなぶ
みどり　りんこ

多摩動物公園のカモシカ（著者撮影）

# ライオンの名前

日本の動物園でもっとも安定した飼育が行われているのはライオンではないだろうか。この場合の安定とは、長期飼育と繁殖である。日本で最初の繁殖記録は、明治43年（1910）の京都動物園で、4頭生まれたが、そのうち1頭は檻の外に転落して、親のところに戻すことができず人工保育されて有名になった。養母にはブルドッグが使われた。以後も安定して繁殖している。上野では大正12年（1923）、京都から来たペアから初めて繁殖に成功している。余談ではあるが、浅草花屋敷は昭和6年（1931）にライオンが繁殖した時、日本初と宣伝したらしい。花屋敷の名誉のために言っておくが、大正12年に5つ子のトラを繁殖させるという快挙もあり、けっこう繁殖もあったようである。

ライオンは全国的に見ても個体が余っている。繁殖がうまくいくと今度は収容場所に困ることになる。そのため、多くの動物園では繁殖制限をしている。生まれた子どもをひきとってもらう先がないのである。動物園には飼育空間の制限があるのだ。ピルやパイプカット、ホルモン剤の使用などその園に合った方法が用いられている。

とはいえ、全く繁殖させないわけはなく、計画的に行っているということだ。多摩動物公園は、群れで飼育し展示しているが、群れには出さないで繁殖用の種（タネ）オスがいて、計画的繁殖の際に活躍する。

多摩ではこれまで40余年に１４０頭ほどの個体を飼育している。その名前を見てみることにしよう。

ライオンの名前はいくつかに分類できる。まず、外国産だから外国風の名前をつけているのが40頭いる。このうち、アリスとかピーターとか、欧米系の名前が半数あるが、アフリカの名前も半数近くある。ナイロビとかナイル、モンパサ、ムファサなどである。しかしこれらは特にアフリカから輸入されたものではない。

多摩のライオンの名前の特徴は、動物園の上司の名前がついていることにある。初代園長である林寿郎（ジュロウ）からは始まって、中川志郎（シロー）、久田迪夫（ミチオ）など10人を越える動物園幹部職員が命名されている。動物園の歴代幹部は男しかいないから、オスのなかに占める幹部の名前の比率は高い。日本人の名前と思われる60頭のうち、オスは約30頭で、その半分以上の16頭がこれに当たる。私は5年ほど飼育課長を経験したが、幸いにしてオサムという名前はない。つけられた方はちょっと迷惑であるが、なかには内心喜んでいる人もいたらしい。自分の名前を大声で呼ばれるのはあまり気持ちのよいものではなかろう。もっとも、私が飼育課長をやっていた時代は、飼育の担当者が劇団四季のライオンキングの人たちと仲良しになって、彼らに命名してもらうことが多かったら事情は異なるが。ライオンキングの主役たちの名前では、カイ、レボ、ロック、キアラの４頭である。

「ライオンの親子」　© 財団法人東京動物園協会

ライオンの命名は担当者が決めることが多いから、飼育担当の性格や思いつきに依存してしまう。1回の出生で数頭生まれるから、笙《しょう》と琴《こと》など楽器の名前にしたり、3頭のオスが生まれたのでヒデヨシとかイエヤス、ノブナガと一緒に生まれた数頭をセットで命名したり、実習生や職員の奥さんの名前にしたりする。命名の根拠がはっきりしている場合もあるが、時間が経つとどうもよく分からなくなってしまうことがけっこうある。

# トラの名前

トラの名前は何かといえば、トラ吉とかシマコなどを想起される向きがあるかも知れない。ところが実際は全く違うのである。トラの名前を調べていてこれは意外であった。

猛獣は動物園には必須の動物である。動物園に欠かせない三種の神器はゾウとキリンとライオンと言われるが、アフリカ産動物が今日のように当たり前になっている時代より前、明治の頃であれば、アジア産のゾウとトラとサルだと言ってよい。上野動物園の最初の人気動物はトラで、開園後5年した明治20年（1887）、2頭のトラがお目見えしている。このトラ、イタリアのチャリネというサーカスが日本で興業しているさなかに生まれて、日本のヒグマと交換においていったものである。オスは長生きできなかったが、メスは14年ほど生きていて、当時としては長生きである。

古くは寛平2年（890）というからもう千年以上も経っており、以来何度も来日し、さらに加藤清正の虎退治などにより人口に膾炙して、江戸絵画のなかでも独特の地位を占めている。もっとも豹を虎と称して見世物にした例もあるから、記録にあるものが全てトラとは言えない。ただし、動物園で飼育されていたトラ

「虎図」　東東洋　仙台市博物館

となるとそれほど数は多くない。

昭和15年（1940）に日本動物園協会（当時）が実施した調査によると、全国で14頭しかいない。これまた意外な数字である。ところで一口でトラと言うが、最近の動物園ではアムールトラとかベンガルトラ、スマトラトラなどと表記しているのにお気づきであろう。トラは猛獣であるが故に人家に近づくことを許されない。実際のところは人家や農地がトラの生息域に侵入しているのであるが、ともかく人と一緒に住むなどできない相談なのである。そのため生息域は分断され、超一級の絶滅危惧種になっている。分断された単位は大きくは8つに分けられ、それぞれが亜種とされて、前記のような亜種名をつけられているが、生存が確認されているのは、この3亜種だけだと言われる。あいまいな表現になってしまったが、これにはわけがある。野生動物の絶滅を確認するのは難しい。見つからないからと言って絶滅したと断言はできない。つい先ごろも、対馬の下島で絶滅したと思われていたツシマヤマネコの生存が確認された。絶滅を確認するのは観察と時間が必要なのである。生き残っているのは３亜種だけだろうと言われている。３亜種全てを入れても５０００頭に満たない。昭和40年代まではこうした区別はされておらず、一括してトラとして飼育管理されていたため、亜種間雑種が作られた。なかには上野のワンとシュフのペアのように19頭の子を生んだという記録もあるが、彼らの子孫は現在では飼育下にはいないと思われる。

現在日本の動物園でもっとも多く飼育されているのはアムールトラであり、名前が分かっている個体は死んだものも含めて１６８頭である。他にも動物業者の飼育している個体がいるが、それは省略する。ベンガルトラで名前が分かっているのは１６１頭、スマトラトラは14頭で超希少亜種である。

さて、アムールトラの名前は圧倒的に外国語のものが多い。前記の理由で昭和40年代にトラの系統の断続があるから、現状のトラ飼育が始まったのはその時期以後で、当然輸入個体しかいない。ヨーロッパやアメリカ、ロシアから輸入されたわけで、昭和50年（１９７５）過ぎまでは全て外国語名だと言ってよい。アムリ、ナディア、オマールなどおそらくは外国の動物園で名づけられた名がそのまま持ち込まれている。最初の国内繁殖は神戸王子動物園で昭和42年（１９６７）、ロク（六）と名づけられている。王子で6番目のトラの飼育個体である。この時期、日本で生まれたのは同じ親からで、ナナ（七）、ハチ（八）、キュウ（九）と同じ神戸生まれだけである。そっけない名前と言えばそういうことになる。

昭和53年に京都に来園した個体につけられた「京」という名が、外国から来た個体に日本名をつけるはじまりとなった。もっとも戦前に来日したアムールトラは、キリンと名づけられているので厳密には最初ではないが。

以後は日本生まれの個体には、日本の名がつけられることが多くなって行く。全体としては日本の名71頭、外国の名97頭で、外国の名が多いが、アムールトラの特徴は、アジア系か沿海州系と思われる名が36頭も含まれていることである。アムリとかオマール、ノリキ、ドングアなどがそれに当たるが、他の種では見られない傾向である。シマコ、シマジローはあるが、トラを冠につけた個体はいない。これはトラの名だと思われる個体名はない。

ベンガルトラは事情が一変する。こちらはイブ、リキ、ランから始まってコーネリア、シーザー、バースと続く。トラオ、トラコなどトラ系は6頭、シマ系も2頭いて、全体としてはペットの名前に近い。日本語名と外国語名はほぼ半数であり、意味が分からない名前はほとんどない。輸入個体であっても、日本名やマック、ジュリー、ペガサス、ジュピター、グレース、サタン、シンなど日本人に分かりやすい外国語名になっている。変わった名では「ふれあい」などというのがあった。

北方系亜種と南方系亜種とでは全く取り扱いが異なるのである。

超希少亜種であるスマトラトラでは、インドネシア名と思われる名と、ユリ、サクラ、フジなどの日本名が混在していて、欧米の名前は現れないが、個体数が少ないので何とも言えない。

# オオカンガルーの名前

カンガルーの来日はアフリカなどの動物と比べて早い。動物園の記録ではすでに明治14年（1881）、上野動物園が開園する前、千代田区内山下町にあった動物収容施設に来ていて、もしそのまま生きていれば明治15年の開園当初から上野で展示されていたと思われる。その後も海軍の演習艦がオーストラリアに航海することがあり、その際に何度か日本に持ち込まれ、上野で展示されている。このカンガルーは「博物館写生図」という図説にその図が残されている。

ところがカンガルーと一口に言っても、有袋目カンガルー科だけで55種いて、まあ通常カンガルーと呼ばれるオオカンガルー属（Macropus）だけでも14種いる。当時の人たちにこんな種が区別できはしないし、海軍にくれたオーストラリア人もカンガルーと単に呼んでいただけであろう。そこで代表種としてオオカンガルーに登場してもらうことにした。オオカンガルーと特定された個体は、大正12年（1923）上野で飼育されている記録がある。

オオカンガルーは名前のとおり、カンガルー科のなかでも最大級のカンガルーである。種が特定されて来日したのでは戦後昭和43年（1968）だから、ごくごく新しくお目見えした種と言ってよい。

「オオカンガルー」　© 財団法人東京動物園協会

さて名前であるが、昭和37年（１９６２）に来日した3頭の個体のうち、1頭だけ「クロ」と名づけられている。ほか2頭は来園して6年後、昭和43年に死亡しているが、この「クロ」は昭和59年（１９８４）まで生きているので、来園当初は名がなく、昭和43年から何年か経ったときに名づけたと思われる。次に名づけられた個体が記録に現れるのは昭和61年である。タカオとカン、マリとユミの4頭でごくごく普通の命名になっている。それまでは「上野4」とか「東山8」とか番号で呼ばれていたのと大きな違いである。カンガルーの名づけは遅い。以来、４５０頭ほどの個体に名前がついている。

当初はごく普通の名前がつけられていたオオカンガルーであるが、数が増えてくるに従い面白い名前が現れだす。「首」「腰」「背中」「シッポ」などという名前が平成になって現れはじめ、ケベック、アデレード、ロメオ、タンゴなど外国の地名から音楽に展開しはじめ、ウイスキー、エックスレイ、ヤンキー、ビクターなど外国語が氾濫しだす。ワルツ、ドドンパ、フラメンコなど乱れる。続いてイヨマンテ、カルメン、ロドリゲスなどなど。脈絡のない外国語かと思うと、金太郎が出てきて銀二郎、銅三郎とオリンピックとなっているのだが、次が鉄五郎だ。四郎はどうなったかと思ったら、半月後に生まれたのは鈴四郎だった。

１９９５年頃からは一転して日本の名になる。栗之助、茶太郎、月子、花子、雪子、サユリ、タケマル、ウタマロなどである。21世紀を過ぎるあたりから、サクラ、ウメ、モモコなどが現れはじめるが、インプレ、アルト、ダキュオ、テレチ、ワラブ、サワー、ツェラーなど、無国籍で意味不明の名前は後をたたない。

オオカンガルーの名前には、カンガルー特有の名前はないようだ。名前を見ても、カンガルーを想い起こすことは不可能である。多産であまり個性的でないことから、記号的になってしまうのだろうか。

オオカンガルー特有の名前を思いつかないとすれば、つまり命名に何らかの制約がなくなると、命名は変幻自在、多種多様になって行く。要するに何でもありになる。ここにあげた名前はペットの命名には現れていないものが多い。犬猫5万頭にもない名前がけっこう多い。命名者の発想力と努力に深く敬意を表したい。以下にペットや他の動物園動物に現れにくい名前を書き出してみるので楽しんでいただきたい。

**外国の地名**　ケアンズ、アデレード、フローレンス、エジンバラ、ケベック、シカゴ、オーガスタ、キャンベラ、ジャパン※

**物**　エメラルド、インプレッサー、ユンボ、ジッポ、スパイク、ソルト、ユニフォーム、ゼロックス、オール

**外国語**　テリオス、スキップ、イヨマンテ、Xマン、ドミノ、アフター、オリオン、シャーマン

**食べ物**　しめじ、カルビ、ロース、ロブスター、かぼす、ウイスキー

**意味不明**　オロロン、チコマ、ランピー、ヴァニエル、サアフ、ブイタンク、デルマー

**セットになっているもの（ペットにもあり）**　鶴吉―亀吉、松竹梅、桜桃、月花雪星、田吾作―与作、イバラ―エバラ―ノバラ

# 動物名づけの会

ここまで様々な動物園動物の名前について見てきたが、動物たちに名前をつけるのはそれほど古い習慣ではない。飼育係は何らかの呼び名で動物たちに声をかけていたと思われる。例えばオスとメスのヒョウがいたとしたら、オスとか、体の目印などで区別して声をかけていたのであって、まだ名前にまで成熟する前段階のが多かったと思われる。名づけが行き渡るのは戦後も昭和40年代になってからなのはマレーバクの例を見れば分かる。この時期は飼育動物の長期飼育や繁殖が向上した時期であり、また数頭の個体を飼育する時期とも重なっている。したがって大型哺乳類は珍しい種、類人猿から名づけは始まるのだ。

ところが昭和10年（１９３５）に、動物たちに名前をつけよう、特にお客さんに名前をつけてもらおうと考えた園長がいた。京都市動物園の長田寛三という人で、動物名づけの会を開催した。京都市動物園の百年史によると、お客さんに集まってもらって名前を募集したという。その結果、カバにはコンゴー、ナイル、マリコ、インドゾウのオスにはジャンボ、シマウマにはターキー、オリエなどと名づけられた。

京都市動物園ではすでに明治42年（１９０９）にライオンの子2

頭が繁殖していて、その時は名前がなかったが、後に「小桜」と名づけられている。残念ながらいつ名づけられたか分からないが、大正時代には「五十鈴」「常夏」という個体が上野に移っているから、その前であることは確かである。ところが明治40年、シャムから来たゾウは昭和10年まで、つまり30年近く名前がなかったことが分かる。大正2年（1913）にメスのゾウが来園しているが、こちらの方はパルマとタイでは名づけられていて名前がある。面白い現象でもある。ライオンの「小桜」は人工哺育された個体で、ライオンの子を人が育てたことで有名になったから親しまれ方が大きかったのだろうか。いずれにしろ、この時期はゾウにさえ名前をつけていない。

　京都の長田園長の発想は、今日で言えば市民参加ということになろうが、名づけ親になってもらうことによって来園者の増加を目論んだことは間違いなかろう。ただしこれが全国的に普及したわけではないので、この試みが長田園長の思惑通りの結果を生んだかどうかは不明である。しかし、名づけの先達がいたことは記憶にとどめておく必要がある。

# 動物園どうぶつの名前

## 1　動物への名づけがされなかったわけ

日本で動物園ができたのは、上野動物園で明治15年（1882）だから、すでに130年近くになろうとしている。2番目は明治36年（1903）、京都で100年を超えたところである。代表的な動物10種を取り上げて動物園での命名を見てきたが、命名の始まったのが意外に遅いことに気づかれたであろう。名前をつけるのが行き渡ってきたのは、動物園が始まってから50年も経ってからである。名前をつけるのは普遍的な行為だと思われるのに、ペットなどよりもずっと遅い。どうしてだろうか。

黒川義太郎さんは、明治25年から上野動物園に勤務していた獣医師でもあり、長い間園長を務めた。高橋峯吉さんは、明治39年から飼育係として50年間動物と対してきた。ありがたいことにこの二人は著書を残してくれていて、それを読むと当時の雰囲気がほの見えて、名前をつけないわけの一端がうかがい知れる。

黒川園長の著書や日誌には、個体名は一切出てこない。明治40年（1907）に初来日したキリンには立派な名前がついていたが、黒川はただ「キリンのオス」「キリンのメス」と区別するの

みである。彼の著書は、子ども向けのものであっても、動物種の行動や生態の解説に終始している。なかにはどうしても個体の区別をしなければ説明できない場合があって、その時彼は「ここだけの話として、Aというサルがいて、Bというサルが」などといった説明をしている。AとかBとかいう表現もはばかられるような言い方になっている。上野動物園は開園当初から「教養施設」として「見世物」と区別することを念頭において、しかも宮内省の施設で、近くの浅草花屋敷と差別化をしていたから、名前をつけるなどという行為を避けていたのかもしれない。また犬猫と野生動物は違うと主張したかったのだろうか。

高橋さんは現場の飼育係であるから、動物に声をかけることが多かったであろう。昭和になってゾウのジョン（来園は大正末期）やキリンの高子などが来てからは、その名前で呼んでいた。しかし、その前は、オスとかメスとか呼んでいて、子どもが生まれるとチビなどといっている。明治時代に名前が出てくるのはラクダで、このラクダに高橋さんは怪我させられるのであるが、このラクダを「横車のラア公」などと呼んでいる。飼育係を嫌っていたラクダで、どこからでもアタックするので「横車」と言うわけなのだろう。これは名前というよりは形容詞だと考えるのが妥当である。

戦前までほとんどの種は、雌雄2頭で飼育されていた。この場合、オスメスや旦那と嫁さんで十分であり、子どもはチビ、2頭目だと白とか黒とか言ったのだろう。

名前がつけられなかった要因はまだある。動物が長生きできなかった。名前をつけて公表すれば、来園者の幾分かは感情移入するであろう。ファンもできる。しかし、長生きできなければその分だけ失望も大きい。人気と短命とは、名づけにとって両刃の剣であった。黒川のような命名に対するタブー意識もあったであろう。

## 2　動物園の名前の特徴

### ①　種と個体

動物園は来園者に動物を見せて、その動物のメッセージを発する場である。メッセージの内容は、基本的には種の持っている特質である。その限りでは、発信されるメッセージは「キリン」「ゾウ」などの種名であった。そこに命名を避けられてきた基礎がある。

昭和のはじめに天王寺動物園のチンパンジー・リタが、動物芸によって人気を博するようになり、個体・個性の力が明らかになり、名づけがすすめられるようになってきた。しかし、それはチンパンジーやゾウ、キリンなどの人気動物や個性が話題になる動物に限られていた。戦後になっても、同様の事態がしばらく続いていたが、次第に動物に個性があることが明らかとなり、個体の多様性に着目されるようになってきて、命名が当たり前になってきたのだ。

こうした背景には、動物園の課題が関係している。動物園にとっては、個体だけに注目されるのは好ましくないという視点があった。動物園は、種の知識を教えるところだという個体情報へのタブー意識は、昭和40年代には完全に消えてゆく。

## ② 見せることと飼うこと

名前の役割が、飼う（養育）する人とされる動物の関係、そしてその名前を披露することで社会的認知を受けることにあるとすれば、かつてのペットにおいては、後者の役割は低かったといえよう。名前は前者の役を果たせば十分であった。今では、犬猫を連れて歩けば、名前を聞かれ、ひとしきりの話題となる。

動物園の動物は、そもそもが〝見てもらう〟ことにある。飼育者以外の人がいなくては成り立たない。この点でペットとは異なるのである。動物園が種と個体の双方を見せることに気づいた頃から、名前を披露することが重要になってきたのだ。

しかし、動物園動物には調教や馴致《じゅんち》という課題がある。来園者に見せる前に、また来園者のいないところで調教や馴致は行われているのである。公開前に飼育係と動物との関係を形成しなければならない。調教された動物であればすでに名前はつけられていて、その名前を介在して飼育係と動物の関係が成立している。いきなり違う名前で呼ばれても反応しない。かつて戦争中に殺処分された花子というゾウがいたが、飼育係からはトンキーという名前で呼ばれていた。現在、多摩動物公園で飼育されているアフリカゾウのアコとマコという個体は、飼育係にはそれぞれチーキ、ローラと旧名で呼ばれているのはこのためである。来園者の親しみと飼育係・動物の関係とは別のものとしてあるのだ。こうして一部ではあるが、ダブル・ネームを持つ種がありうる。

### ③ 名前の多様化

動物園の命名には二重の制約がある。一つは他園の同種個体であり、もう一つは同じ園内の異種個体である。もちろん、過去に飼育した同種個体もあるが。他園の同種個体は一見関係ないように見えるが、共同繁殖や飼育係同士の連絡が高まるにつれ、同じ名前をつけるにはためらいが生じる。また、同じ園内だとたとえ種が異なっていても、混乱が起きる。先日多摩に行く用事があって、「ミル」の話をしていたら、何か話が食い違っている。私は、ユキヒョウの「ミルチャ」をミルと略称して話題にしたのだが、相手はチンパンジーの話をしてきた。直接の飼育担当だけならまだそれで済むが、管理者や普及担当者などが絡むとそうはいかない。さらに群れで飼育している種だったり、命名にルールがあったりすると、一層複雑にならざるをえない。

動物園での名づけは早い者勝ちである。名づけてしまえば他の動物には使えない。2代目「花子」などと襲名させる、事情があって他の種に同じ名前をつける例は見受けられるが、名づけに丁寧になってきた最近では少なくなってきている。飼育係は名づけに苦労しているのだ。

こうして名前は多様化して行く。その結果、名前といっても記号的なもの、破天荒なもの、ものの名前、何かを借りるなどをするようになる。破天荒な名前は、それ自身はまことに面白い。しかもセンスも発揮できるが、センスを問われる。

### ④ ご当地、外見から人の名へ

動物園動物の命名には移り変わりがあって、それは命名の優先順位を示している。まず最初に

使われるのは土地の名前と動物の特徴である。どちらが先かは難しいところだ。もっとも、上野動物園ともなれば上野や東京の名前を使うことはない。キリンは「高子」と「長太郎」から始まっている。大阪の天王寺動物園にもそういう名前は見られない。しかしその他の動物園だと、かつて神戸の諏訪山に動物園があった頃、最初のゾウは「スワ子」であり、横浜も「ハマコ」である。上野に花子をとられていたからかもしれないが。全国の動物園で一律に「花子」がいたらおかしい。

　次に優先されるのは、種の名前の一部をいただくやり方である。ゴリラだとリラコ、ゴリオなどもっともらしい。当然、名前のネタはつきるから、次の名前は「生まれた地域」にちなむ名に移行する。日本人はちなむのが好きだし、異国情緒も醸し出せる。これは少し長持ちする。

　それからあとはすでに見たとおり、統計処理の対象となるほど、多様化していく。

　ペットの名前と違うのは、人の名前が多いことである。外国語も、外国人、タレント、植物、自然物なんでもあるが、比率としては日本人の名前が多い。二つの漢字を使ったオーソドックスな男の名前、おさむやひろしの類の名前は頻繁に使われる。特に、人気の高い動物種では、日本人の名前に収斂《しゅうれん》する傾向にあると言って良い。飼育技術が発達して、長寿は期待できるし、公募による命名募集、個体への感情移入などの要素が重なり、この傾向には拍車がかかっている。他方、小動物や多頭飼育されている種では、逆に名前は記号化する可能性がある。カンガルーの例でも分かるように、想像力を駆使した大人の命名である。これは楽しみだ。

## 【名づけを避ける世界】

個体識別ができる動物を相手にして、命名を避ける場合がある。

かつて野生動物を野外で観察する場合に名づけを嫌う人と時代があった。野生動物の行動をあくまでも客観的に観察するためには、その妨げになる一切の行為が抑制された。名づけは感情移入の源であるから、嫌われたのである。

高名なサル学者の河合雅雄氏は、サルを観察するうえで「共感法」が有効であると述べている。サルの「気もち」を感得しつつ、観察する方法で、日本独特のやり方だという。同じサル学の泰斗、宮地伝三郎氏も、知人の名前をサルにつけると親しみがわいて覚えやすいという。ところが、外国の学者はこうした方法は、客観性を損なうとして否定的であった。

動物に名前をつけるのは、たしかに感情移入の第一歩だが、最近では外国の研究者でも名前をつけないのは珍しくなっている。そういえば、外国人の名前は、漢字を使わないせいかどこかしら記号的であるのが多い。日本には、擬人名が多いことも関係があるかも知れない。

実験動物や愛護センターで飼育される動物には名前はつけないという。両者とも近い将来の運命が決まっているからだろう。飼育している人の気持ちはよくわかる。動物を「飼っている」と、自然に愛情や愛着がわいてくるのは当然だ。その死に自分が関与しなければならない人の感情は複雑だ。

こうした感情を緩和する日本独特の方法が、慰霊と鎮魂であろう。食肉獣の生産者も、「誕生から子ども期」と「肥育《ひいく》期」とで飼育者を交代する場合があるという。市場に持っていかなければならない肥育期の飼育を嫌う人もいるらしい。第一の段階では名前をつけるが、屠畜への段階がすすむにつれ名づけはなくなっていく。牛と牛肉とは別の存在なのである。

## 終わりに

野生動物は種によって外見も行動、生態も全く異なる。その生息地の文化的特徴もそれぞれである。名前がこうした特徴をベースにしてつけられるとすれば、種ごとに名前が違うのは当たり前である。ゾウにはゾウの、レッサーパンダにはパンダの特徴があるのだ。

とはいえ、こうした特徴的な名前には限界がある。なにしろ同じ名前をつけにくい事情があるのだから困ってしまう。

そうしてあみだされた公募方式による命名は、ほとんどが子どもによる命名である。これなら多少名前が重なっても許される。動物園への参加意識も高まるから、現在ではあちこちの動物園で採用されている。子どもにとってみれば、自分の投票した名前が使われるのは嬉しいだろう。

こうして現在の命名傾向は、種の特殊性が失われてきて、人の名前が多くなってきている。動物園の動物は、希少種が多く、長寿であることもあって個体への愛着度が高まってきている。それに伴い、動物の持つある種の「普遍性」は薄まってきていて、人との物理的・精神的距離は近くなっている。動物園の展示も、観客との間にある障害物をできるだけなくして、両者の距離を縮めようとしている。両者の最後の違いは、見るものと見られるものが残るだけになっていくから、動物園動物の名前はより一層、人の名前、特に日本人の名前に近くなって行くであろう。

今回の調査では、対象を哺乳類に限定したわけではない。しかし鳥類にはほとんど命名がされない。有名なのでは、上野動物園のタンチョウで「若松」という個体がいた。大型猛禽類などで、個体識別がはっきりできる鳥には、命名されることがある。その命名パターンは、これまで述べたような歴史的経過を追っているところがある。種の外見的特徴、産地、ちなみなどである。それからさらに「進化」した名前は、哺乳類以外にはまず存在しない。動物園動物への命名は、ヒトとその種との関係を映し出す鏡であることが、改めて分かった。

## ・参考文献・


東京動物園協会『多摩動物公園50年史』東京都、2008年

恩賜上野動物園『上野動物園百年史』東京都、1982年

天王寺動物園『五十年の歩み』大阪市、1965年

天王寺動物園『天王寺動物園70年史』大阪市、1985年

熊本動物園『動物園ものがたり』1989年

平川動物公園『平川動物公園開園30年の歩み』鹿児島市、2003年

石田戢『上野動物園』東京都公園協会、1998年

石田戢「イヌの名前を考える」(論文)『動物観研究』No.7、2003年

小森厚『もう一つの上野動物園史』丸善、1997年

細川博昭『大江戸飼い鳥草紙』吉川弘文館、2006年

高島春雄『動物物語』八坂書房、1986年

川口幸男『上野動物園サル山物語』大日本図書、1996年

小沢詠美子『江戸ッ子と浅草花屋敷』小学館、2006年

石井研堂『明治事物起原』筑摩書房、1997年

高橋峯吉『動物たちと五十年』実業之日本社、1957年

黒川義太郎『動物談叢』改造社、1934年

黒川義太郎『動物と暮して四十年』改造社、1934年

「鹿児島新聞」大正5年(1916)12月20日

「鹿児島新聞」大正6年(1917)1月20日

瀧澤晃夫『京都岡崎動物園の記録』洛朋堂、1986年

小山幸子『ヤマガラの芸』法政大学出版局、1999年

磯野直秀『日本博物誌年表』平凡社、2002年

宮嶋康彦『だからカバの話』朝日新聞社、1999年

宮地伝三郎『サルの話』岩波書店、1966年

河合雅雄『ニホンザルの生態』河出書房新社、1981年

寺島良安『和漢三才図会6』平凡社、1987年

『古事類苑動物部』吉川弘文館、1970年

府中市美術館『動物絵画の100年』府中市美術館、2007年

増井光子『名画動物園』勉誠出版、2006年

帆風美術館『江戸時代動物園』帆風美術館、2008年

京都市動物園『京都市動物園100年のあゆみ』京都市動物園、2003年

『京都市立紀念動物園案内』京都市立紀念動物園、1916年

吉田金彦『語源辞典動物編』東京堂出版、2001年

第3章

【特別収録】

# 多摩動物公園日誌

N
公衆電話
トイレ(ベビーベッド設置)
身障者用トイレ
ユニバーサルベッド
設置トイレ
授乳室
シャトルバス乗降場
シャトルバスコース
急な坂
広場
ギフトショップ
レストラン
軽食・売店
自動販売機
喫煙所
1 案内標識・標識番号
33
コアラ館
コアラ
フクロモモンガ
オーストラリア園
コアラ下売店（無料休憩所）
アカカンガルー
エミュー
トナカイ
コウノトリ
30
たまご広場
ワシ
タカ
イヌワシ
29
29
フクロウ
タヌキ
モウコノウマ上広場
27
25
26
コウノトリ
24
24
チンパンジー
23
モウコノウマ
アフリカ園
シロオリックス
グレビーシマウマ
22
キリン
ダチョウ
ペリカン
ニホンザル
ハヤシ広場
7
ヤケイ
キジ
ハト
レストラン（無料休憩所）
14
21
ライオンバス乗り場
20
アフリカ売店
8
とんぼばし
9
12
12
13
15
ライオンバス
きっぷ売り場
アフリカゾウ
昆虫広場
10
11
19
18
チーター
サーバル
ライオン
フラミンゴ
旧類人猿舎
16
17
昆虫園本館
グローワーム
ハキリアリ
サファリ橋

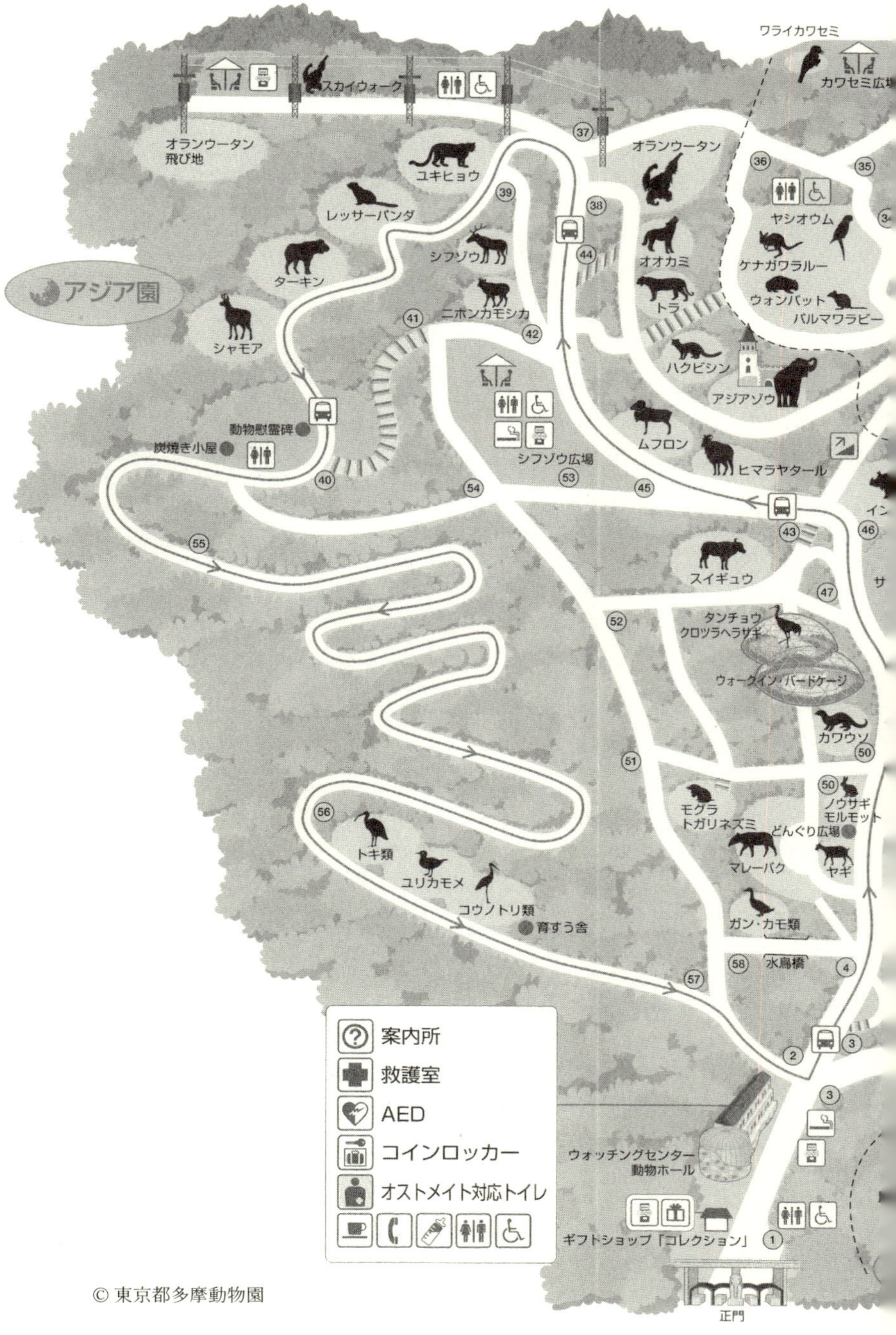
スカイウォーク
オランウータン
飛び地
ユキヒョウ
レッサーパンダ
ターキン
シャモア
アジア園
シフゾウ
ニホンカモシカ
動物慰霊碑
炭焼き小屋
シフゾウ広場
オランウータン
オオカミ
トラ
ハクビシン
アジアゾウ
ムフロン
ヒマラヤタール
スイギュウ
タンチョウ
クロツラヘラサギ
ウォークイン・バードケージ
カワウソ
モグラ
トガリネズミ
マレーバク
ノウサギ
モルモット
どんぐり広場
ヤギ
ガン・カモ類
水鳥橋
トキ類
ユリカモメ
コウノトリ類
育すう舎
ワライカワセミ
カワセミ広場
ヤシオウム
ケナガワラルー
ウォンバット
パルマワラビー
ウォッチングセンター
動物ホール
ギフトショップ「コレクション」
正門
案内所
救護室
AED
コインロッカー
オストメイト対応トイレ

**【日誌のまえがき】**

この記事は、2002年末から06年にかけて、読売新聞多摩版に掲載されたものである。発端はその前年、葛西臨海水族園から多摩動物公園の飼育課長になった私を、重松清さんが「日本の課長」というシリーズのなかで取り上げたこと。その記事を見た記者さんが、軽い読み物を提供してほしいとの依頼があった。1年くらいの予定で動物園の話を連載してくれということであったが、結果としては4年間の連載になった。その間、なるべく多様な動物種をとりあげるよう配慮した記憶がある。数種の動物を追いかけた記録もあるが、話が細かくなるので避けたことと読者にはくどくなってしまうと思ったからである。また短いスペースにおさめるという制約もあって、やや紋切型の文章になっているのをお許し願いたい。今回収録するにあたって、一部削除・改変をくわえているが、できるだけ原文をそのまま掲載している。

※写真は多摩動物公園の動物たちです。

2002年12月21日(土)

朝から雨模様に寒さも手伝い、お客さんはほとんどいない。週末の悪天候は動物園にはこたえる。今年は特にその傾向が強い。困ったもんだと思うがいかんともしがたい。とはいえ園内をまわることにする。

ライオンのメス・ララが池の傍の木に登っている。ライオンはネコ科だが、あまり木に登ることはしない。ネコ科の動物は、単独性の種類が多く、隠れて生活するタイプだがライオンはちょっと特別なネコだ。でも木に登るのはあまり見たことがない。担当のAさんに聞くと、1年に2～3回はあるという。誰かと折り合いが悪かったのではない。

12月22日(日)

私の朝の仕事は、まず報告書などの書類に目を通すことから始まる。結構時間がかかる。飼育課には約70人の職員がいて、動物にかかる様々な仕事をしている。実際に動物を飼っているといえる職員は、70人のうち50人くらいで、20人は現場とは少し違う仕事をしている。書類が多くなるわけだ。

オオカミは遠吠えをすることがある。ところが、飼育担当のK君がいくとぴたっと止めてしまう。私がいっても同じ。これをお客さんが聞けるようにするにはどうしたらよいか。テープで音を流す実験をしているがはかばかしくない。何をきっかけにほえるのか分からない。今日は、オオカミの遠吠えを収録するためにマイクを設置してみた。専門家に音声分析をお願いして解析して見ると何か分かるかもしれないと期待している。

12月25日(火)

昨日からユキヒョウのシンギスとミユキを同居させている。シンギスは2年前にカザフスタンから来園したオス。その前のオスは、吉田という名前で、3頭の父親になったが、あまり同じ親から子どもを作っても、血統が偏るので群馬サファリに預けて、多摩ではシンギスの子作りを中心にしている。同居させるのもタイミングが必要。メスが発情するのも大事だが、生まれてくる季節も選ぶ。

ワオキツネザルの赤ちゃんが動き回る親の背中に必死につかまっている。今日も元気。

2003年1月1日(水)

出勤して多摩につく頃、雪がちらほら降ってきた。まさに初雪。縁起良いのか悪いのか。

元日ということで、おめでとうの挨拶が続く。飼育課の職員は70人を越える大部隊だからしばらくすると誰に挨拶したか分からなくなってきた。ともかく顔を見たら明けましておめでとう、である。

動物たちにも挨拶しに行こう。アフリカゾウは4頭が出迎えてくれた。もっとも今日は休園日だから、人がいないのでもの珍しさもあるのだろう。普段はこちらを振り向いてもくれない。

1月5日(日)

昨日休みをとったので、朝、事務所に着くとすぐに係員から報告がある。カンガルーの袋が反転して、2㎝ほどの赤ちゃんが袋から出そうになっているとのこと。袋のなかにこぶし大の水泡のようなものができていて、袋の底が表に出そうになっている。これでは子どもはなかに入っていられない。もしかして、ヘルニアの可能性もあるとは獣医の見立て。様子をみるように指示。

快晴でもあり、早速園内を見回ることにする。坂を登ってアフリカ園に入る切り通しを過ぎるとゾウの向うの木立に白いものが見える。近づいて見るとアオサギが20羽くらい、雑木林の梢《こずえ》近くの枝に止まっている。朝食後の日向ぼっことい った感じである。気持ちがいい。でも明日から会議の連続だと思うと気が重い。

1月6日(月)

今日は午後から会議なので、オオカミの様子を見に行く。普段なら近づいただけで警戒するオオカミが、なんと遠吠えをし始めた。今までなら声を聞くことはあっても、飼育のK君や私が近づくとぴったりやめていた。オスのロボが続けて4吠、さらに3吠すると、メスのモロもおずおずと吠えた。この遠吠え、なかなかやってくれない。他の朝の園内放送の時に吠えると観察されていた。そのオオカミの吠え声を試しに聞かせて見たが、安定して呼応してくれない。そこで色々と試しているところであるが、これまでのところあまり成功していない。今日は、隣のトラの声に反応していたように見える。

1月14日(火)

いい天気だ。雲ひとつなく、風もない。こういう日の動物は、日向ぼっこ。カンガルーもオランウータンも、みんなおなかを見せて安心して転がっている。

1月15日（水）

本日朝から震災対策訓練を行う。特に災害発生時の点検や連絡方法などを中心にシミュレーション。この形での訓練は初めてであったが、うまく行く。

午後は、会議会議の連続。月1回の園全体の係長会、汚職防止委員会、樹林地管理方針検討委員会、人事関係の打合せ。おかげで、予定していたチンパンジーのエンリッチメント対策打合せはできずじまい。夜は、北園飼育係の新年会。

1月18日（木）

昨日まで、3日間会議の連続でろくに動物を見ないまま過ごしてしまったので、少し欲求不満気味。朝、雑用を済ませて園内へ。昨年改修して開館した昆虫館のグローワームが年末から活発に光りはじめた。グローワームは、ヒカリキノコバエという小さなハエの幼虫で、洞窟でも100％に近い湿度のあるところしか生きていけない。そこで、天井からネバネバした液のついた糸を垂らし、小さな虫を光で呼び寄せ、食べて生きていく昆虫だ。だから湿気が命の綱。噴霧器のような装置で、部屋全体の湿度を高めたのだが、なかなかうまく行かなかった。そこで、飼育係のT君とSさんが考え、工夫して今のような状態にまで持っていった。湿気を100％に保つのはお客さんのいる場所では困難なので、虫のいる壁面が水を十分に含むように発想の転換をしたのである。飼育係には失敗はつきものだが、発想の転換と工夫もまた同様。暗い部屋に20～30の虫が光っていて、天の川とはいかないものの、オリオン星座くらいにはなっている。見事な光景で、これが天の川になればなどと贅沢《ぜいたく》な夢想をしてしまった。目が慣れるまで、1分の辛抱だが、私くらいの年になると、2～3分必要のようである。

1月23日（木）

本日、朝から横殴りの雪、積もりそうな気配である。雪になると心配なのは、寒さに弱い動物とネットが張ってあるコウノトリなどの動物舎。動物は寒いのには比較的強いが、それでもあまり寒いとさすがにいけない。

ウォンバットの担当をしているMさんから、しきりに穴を掘っているとの報告。このウォンバットはチューバッカーなる名前で、飼育係を見るとなぜか興奮する。普段は小屋のなかでうずくまっていることが多いのだが、雪にはなにか刺戟《しげき》させるものがあるのだろうか。本日の入園者15人。近年にない少なさである。

**1月24日(金)**

雪の翌日は、雪かき。大所は業者に依頼して、ショベルローダーで排除してもらえるが、事務所脇《わき》とか細かいところは、職員の手と足で処理する。でないと雪が中途半端に解けて凍りつき、滑って危ない。少し油断するとお客さんがスッテンコロリなどになりかねない。緊急の用事のない人は、ガラガラと雪かき。

動物舎を回っても、北側の斜面は雪だらけ。でも、オランウータンは雪を食べていたし、マレーバクは雪の上を歩き回っている。

**1月27日(月)**

レッサーパンダの広い運動場にはモチの木が植わっている。レッサーパンダは木に登るのが好きなので、4〜5年前に植えたのだが、まだ幼木なので木に登るのは少し無理かなと思っていた。ところが昨年生まれのノノが樹上にいるではないか。しばらくすると心配になったのか父親のブーブーも登り出した。ノノはまだ足取りがおぼつかないが、必死につかまっている。

降りるのは、登るよりもっと難しい。あっちこっちの枝につかまり、後足が宙ぶらりんになることもあったが、なんとか落ちずに地上まで降りることができた。冒険はこどもの特権である。こうやって成長するのだろう。

**2月8日(土)**

晴れ、風もなく、いい日和《ひより》だ。動物園日和とでもいっておこうか。こういう日は、動物たちもたおやかに見えるから面白い。

コウノトリが巣づくりを始めた。多摩では、コウノトリを49羽育ててしている。そのうち、若鳥とペアを作っていない大人の鳥はそれぞれ大部屋で飼育しているが、ペアになると繁殖用の小さいケージに入れている。なかなかペアになってくれないし、ペアになっても繁殖するのが少ないのが悩みの種である。全国でも繁殖しているペアは10に満たない。多摩では、今のところ2ペア卵を抱いている。

今年は、コウノトリの飼育スタイルを大胆に変えてみようと考えている。コウノトリに空を飛んでもらおうという企画である。ネットのないケージで飼育して、動物園で飼育しながら空を飛んでもらうのである。色々問題があって、検討委員会を作って、検討を始めたところだ。

**2月9日(日)**

昨夜は雨が降ったが、朝には快晴。適度の湿度もあって、過ごしやすい。

今日は、クマ・ワークショップの日だ。全国のクマ保護活動などをしているクマ・ネットワークという団体が主体になって、多摩が協力する形で、園内クマ一色になった。特に面白かったのは、冬眠の巣穴もぐり。人と違った地中の穴や樹上の巣などの感覚を味わってもらう参加型の催しは評判がいいし、動物の生活を実感してもらうのに一番いい。何より冒険的で楽しいのがいい。なんとか応用しようと思う。こうやって、外部の人たちと一緒に事業ができると何かと参考になる。

**2月14日(金)**

チンパンジーのリリーが死んだ。もう30年以上前には、ステージで芸をして人気を博した。子どもも10頭生んで、天寿をまっとうである。腎臓を悪化させ、もう10日間で、ほとんど尿を出していなかった。点滴で何とかもたせていたが、限界だったのだろう。

2月20日(木)

ワシやタカがヒーォ、ヒーォと鳴いている。猛禽《もうきん》舎と呼ばれる大きなケージにオオワシ、イヌワシ、オジロワシ、ダルマワシなどが飛んでいる。総勢17羽。やはり鳥は飛ぶと魅力がぜんぜん違う。

ワシタカの仲間は、ペアで生活しているので、多くの個体がいるとなかなか繁殖しない。繁殖ペアを他の鳥が邪魔すると思われるが、そうではなくて、繁殖ペアが他の鳥を追い散らすのである。子育てをする個体は警戒心が強く、ハッスルするから、他の鳥たちは端の方に縮まってしまう。

餌を食べるのも、順番がある。今日は、ヒメコンドルが最初に肉をついばんでいた。

2月25日(水)

アフリカゾウの子どもマオはそろそろ他のメスたちと一緒にする時期にきている。とはいえ、すぐに一緒にするのは危険だから、3頭のメスと順番に見合いさせることにした。今日は、メスのなかでも一番協調性のあるチーキと見合い。大丈夫と判断したら、さえぎってある柵を取ってみよう。というわけで、まず最初にチーキをいつも親子のいる運動場に放す。それから親子を、柵越しにチーキのところに連れていくと、マオは柵をくぐってチーキのもとへ。でも、母親がいないのが分かるとすぐに戻ってしまう。でも親子とチーキはお互いに鼻を絡ませているので、柵をはずした。チーキはびっくりした様子もなく平穏で、親子も安心している。そのうちチーキは、マオに興味を持ったのか、マオの前で、自分の膝を折ってマオの目の高さまで自分の目線を下げるしぐさをし始めた。目線の高さを同じに下げるのが親愛を示すしぐさとは、人では当たり前だが、ゾウもするのだ。それから、体を横にした。こうすれば、目の位置がマオと同じになるからだろう。飼育担当のNさんはチーキが大好きで、この優しさがたまらないという。

2月28日(金)

3月が近づくと、幼児たちの声が大きくなってきた。この時期は卒園遠足の季節である。同時に、池のカモがめっきり減ってきた。繁殖地であるシベリアに向けて帰り始める季節でもある。春は繁殖のシーズン、園内でも繁殖行動を始める種が続々出てくる。

3月4日(火)

ライオン班からライオン・ララが、木に登った、との報告があって、朝ライオン園に行く。放飼場にでてきたメスのララがのっそり池の方に向かい、さっと木に登った。そして枝から足さきをだらりと下げて、いかにもリラックスした風にしている。他の個体に追いかけられて登るのかと勘違いしていたが、追いかけられたり、いじめられたりした雰囲気はない。飼育係のAくんに聞くと、最初はオスのプンパやメスのララなど他の連中に追いかけられて、登っていたが、そのうち木の上が安全で快適なのか、自分から登るようになったとのこと。ライオンは草原の動物だからあまりこうした行動はとらないと勝手に考えていたが、草原にもこうした小さな木はあるから、不思議ではないのかもしれない。

3月7日(金)

年度末が近づいてきて、何かと会議や打ち合わせが多い。3日ぶりにトナカイの展示場所にいく。昨年末に角が取れたオスの角が大きくなっている。真っ黒で、普通の角と違って丸みを帯びている。トナカイのように毎年、角が生え変わる種類の角は、繁殖期が近づくと新しく生えてくる。生えている途中はやわらかく、ボヨボヨで、なかには血管や神経が走っている。これは袋角《ふくろづの》というが、次第に固まってきて袋が硬くなっていき、最後は皮がむけた状態になる。そうなると、オスは神経質になり、近寄るのも危険な状態になるが、袋角の時は気弱で、近づくといやがるが、おとなしい。トナカイも豹変するのだ。

3月10日(月)

今日は、猛獣脱出訓練の日である。上野動物園と多摩とで一年おきに公開訓練をしている。今年は多摩の順番で、ユキヒョウが逃げたという想定である。動物舎は、平屋で頑丈にできているから逃げるのは想定しにくいのだが、ネットを張ったりする訓練は必要だ。野生動物は、生きることにかけては臆病で慎重だから、よほどのことがない限り人を襲うことはない。彼らの領域に入っていけば、それは彼らにとって危険だから襲うこともあるだろうが、飼育している方は慎重にしてやりすぎることもないだろう。過度に心配することはないのである。

3月12日(水)

富士サファリからオスのキリンがやって来た。多摩では、昨年オスのキリンが死んでから秋田の大森山動物園からオスのキリンを借りて、これで2頭目のオスである。輸送は、キリン班S君と調整係のK君があたった。キリンの輸送には、特別の輸送箱を使う。運ぶ経路にある道路の陸橋をくぐれる程度の高さで、それよりもキリンの背が高い時に、首だけ斜めに外に出せるように、庇《ひさし》を設けてある。キリンは気が小さいから輸送箱のなかでバタバタと動こうとする。すると体温が上がるので空気が通りやすくする。

何とか無事に多摩に到着した。結構暴れていたみたいで、角のあたりに怪我をしている。ついてからも少し落ち着かない。心配だったが、1日検疫場所で寝ると、もう落ち着いていた。一安心である。

▲ライオンのレボ　▼キリン一緒にすわる　※著者撮影

### 3月22日(土)

クジャクが羽を広げている。繁殖期も今が盛りだ。メスに向かって広げるのが普通だが、なかには近くにメスがいないのに壁や柵を相手にしているのもいる。オス同士の争いではじかれてしまって、いつも事務所のそばで1羽、羽を広げている。

この時期のオスは、羽だけではなく、首がきれいな群青色になり、頭の上の冠羽《かんむりばね》もメタリックな緑色になる。まさに変身で、私はこちらの方の変化にいつも感心させられる。

### 3月31日(月)

ゴールデンターキンに子どもが生まれている。生まれたばかりの時は、足が開いてしっかりと立てなかったので、不安だったが、1日後にはしっかりと立ち上がり、乳も飲んで、一安心。その後も、順調に育っている。お客さんの前に出るようになってからも、親の足元を離れなかったが、しばらくたつとなれてきた。

ゴールデンターキンは、中国西部の山岳地帯に住むウシ科の仲間で、その毛が金色に輝くので、この名がある。動物を価格だけではかるのは、好むところではないが、多摩で飼育している動物のなかでは一番高価な評価になっている。日本に6頭しかおらず、そのうち5頭が多摩にいる。もう1頭も、多摩の生まれである。口蹄疫《こうていえき》や狂牛病などで、検疫体制が厳しくなって、中国やヨーロッパから新しく輸入するのは難しく、当面は多摩にいる個体群のなかで繁殖するしかないので、今回の繁殖はうれしい。

### 4月7日(月)

昨年、ユキヒョウ横の谷をせき止めて、池をつくり、どんな生き物が育つか実験して見た。暖かくなったのでそろそろ何かできてくるかと思い、行ってみるとオタマジャクシが生まれていた。そのかず数百。春先からみていたのだが、卵があるのは分からなかった。枯葉が積もっている下にあったのだろうか。カエルになるのが楽しみ。

### 4月17日(木)

連休も近づいてきて、催しの打合せが今日もある。今年は5月3日と4日、午後8時まで時間延長することになった。夕方5時30分からは、チンパンジーにクラシック音楽を聞かせて、彼らの反応を見ながら、音楽を楽しもうという企画。初めてのことなので、どういう反応をするかまったく予想がつかない。また動物クイズでビンゴ遊びするのもやる。ああだこうだと準備も忙しい。

### 4月21日(月)

トノサマバッタは、大量に増えると色や形が変わってしまう。大きくなり、色も茶色に変化する。体力をつけ、羽も大きく、新しい場所に集団で飛んで行き、そこに生息域を拡大するのだ。1匹で飼うと緑色のバッタのままなのである。ところが、多摩のようにいつでも展示するとなると、大量に飼わなければならないので、どうしても群生型にならざるをえない。孤独型のものは別に飼うので面倒なのだ。この孤独型（孤独相《こどくそう》というのだが）の飼育を始めた。しかし1匹で飼育していれば、孤独相になるというような単純なものではないようだ。湿度、温度、光、背景の色、周囲の糞の量なども関係している。普通のバッタを飼うのも楽ではない。

### 4月22日(火)

朝、園内を歩いていると飼育係のKさんが、ソデグロヅルの人工授精をやるという。ソデグロヅルは、シベリアで繁殖して中国やインドで越冬する。ツルの仲間でも最も貴重な種のひとつである。飼育下ではなかなか繁殖しないので、人工授精で増やしている。Kさんはなれたもので、オスのツルとさっと捕まえ、採精して、今度はメスに注入してしまった。

4月30日(水)

夕方、園内を飼育職員が犬が走っているのを見つけた。この時期、多くの鳥たちが繁殖している。かまれたら大変。哺乳類もびっくりして柵から飛び出すようなことはあってはいけない。そこで大捕り物。北側のキリンの周辺から南側の丘陵の上まで、約30分探しまわった。結局、尾根路を歩いているのを発見。柵に追い込んで捕獲した。保健所に連絡して翌日取りに来てもらった。もう何日もうろつきまわったと見えて、体はよごれ、クマ用のソーセージを食べさせたら、ガツガツと一気に食べた。首輪もついているので、飼い主も見つかるだろう。大団円。

5月3日(日)

夕方5時30分から、「チンパンジーとクラシック」を開演。4時ころから、そろそろと人が集まり始め、定刻にはその数、400名ほどにもなった。いつもなら4時半くらいに食事のはずなのに、雰囲気がまったく違い、人がいっぱいいるので、戸惑っている。音楽が流れると、特にびっくりするわけでもなく、静かに聴いている雰囲気。40分間、騒ぎもせず、静かにしていた。終わると騒ぎ出したところをみると、静かな音楽は精神安定的な作用をするようだ。ちょうど夕日の沈む時間となり、背中に音楽を受けて、夕日を眺める姿は様になっていた。

5月10日(土)

コアラ館に夜行性動物を見に行く。室内が暗いのとすぐ先にコアラがいるので、とかく見逃されがちな展示だが、実は面白い。オーストラリアガマグチヨタカが私に反応した。じっとこっちを見て、くちばしを突き出して、ヨチヨチと向かってくる。しばらくにらめっこしていた。

ガマグチヨタカは、日本の動物園では多摩以外では飼っていない。その名のとおり、がま口のようなくちばしを持っていて、夜行性で、昆虫や小動物を食べる。あの口で丸呑みするのだろう。ともかく見飽きない動物だ。

5月15日(木)

コウという名のコアラのオスが鹿児島からやって来た。このところコアラは子どもが生まれていない。オスのヒカルが少し弱くて、メスが発情してヒカルが近づいても追い返されたり、交尾しても妊娠しないので、鹿児島の平川動物園にお願いして貸してもらうことになった。ところが、面白いことにコウが来ることに決まったら、ヒカルとメスが交尾した。何か感じるところがあった、というのは考えすぎか。公開は2週間の検疫が終わってからになるが、しばらくお待ちください。なかなかしっかりとした顔のコアラである。

5月19日(月)

タヌキが現在13頭いて、ちょっと面白い行動をする。普通、タヌキは単独かペアでいることが多いが、10頭くらいで固まって昼寝をしている。寒い冬なら日当たりで日向ぼっこするのも分かるが、時は5月で十分暖かい。前に飼育を担当していたT君に聞くと、始めは3頭で飼育していて、その時は普通であったという。数が増えてくるに従い、お互いの争いが少なくなり、固まって過ごすことも多くなったという。アユでもそうだが、狭い場所に多くの数の動物がいると、お互いの関係が変わることがある。タヌキもそうなのだろうか。

5月22日(木)

昨日から広島に来ている。日本の動物園と水族館では、抱えている問題などを話し合うために日本動物園水族館協会という団体を作っているが、年に1度の総会の日である。私は、教育事業推進委員長などという役目をおおせつかっているので、昨年度の活動を報告した。動物園での教育活動は注目されていて、多摩でも総合的な学習の時間を始めとして多岐にわたって事業を実施して

いる。昨年からは、10以上のプログラムを準備して、小中学校の総合学習に集中的に力を入れているところなので、全国でもこうした動きが強まっていくとうれしい。

### 5月27日(火)

近所の幼稚園の子どもたちが１５０人ほど芋《いも》作りにやってきた。動物園には工事で出た残土を使って埋め立てた土地がいくつかある。埋め立ててもすぐには建物など建てられないので、有効利用しようと芋畑を作ることにした。日野市の幼稚園にゾウのためにおイモさんを作りませんかと呼びかけたら多摩平幼稚園が応じてくれた。２時間ほど、泥だらけになって苗を植えてくれた。何度か手入れに来てもらって、成長する過程を見てもらい収穫まで経験してもらいたい。半分はみんなに食べてもらおうと思っている。

### 5月28日(水)

オランウータン舎が古くなったので、改築計画が進んでいる。そこで取り壊すために北園にある、昔チンパンジーやゴリラの入っていたところに引越しだ。動物の引越しはあまり暑い時期にはやらない。暴れて熱暑病になったり、トラブルがあってはいけないので、なんとか5月中ということで、本日実施となった。箱を置いてそこに入ったら落とし戸を閉めるというごくシンプルなやり方である。単純なのが一番良いのである。問題は、箱にうまく入ってくれるかだ。ぐずってテコでも動かなくなってしまうこともあるので、箱にはいるまでは心配である。朝9時半から開始。6頭いるオランウータンを1頭ずつ箱に入れて運ぶ計画である。まずは力の強いオスからはじめる。ところが意外とすんなり入ってくれて、今日中に全部の移動が完了した。まずはほっとしている。

**6月1日(日)**

ワライカワセミの子育て真っ盛りである。3つの雛に餌を与えている。始めはドジョウを与えていたが、最近ではマウスを好むようになってきた。カワセミの親は、死んでいるマウスを嘴《くちばし》で挟むと、木の枝に何度も打ちつけた後で、雛の口もとに持っていく。雛はそれを大きな口をあけて飲み込む。肉食の動物、特に雛には、単に肉だけの餌を与えるよりは、丸ごと1匹、内臓も骨格も全て含まれている餌が総合栄養食品になるのだ。こんなに大きな餌を食べるのだから巣立ちは近いだろう。

鳥の雛は巣立ちの直前になると、親鳥よりも大きくなることがある。親が餌をあたえるのをやめ、飛ぶ準備にはいり、体重が減って飛べるようになる。こうして成鳥となることができる。

**6月6日(金)**

いつもなら「どこにいるの」とか「ハクビシンってなに」という会話しか聞こえないコーナーだが、最近のサーズ（SARS）騒ぎで、一躍人気者（?）。私も少し立ち止まって、お客さんの会話を聞いてみることにした。「こんなの食べたの」「これがハクビシンなの」から「多摩地域ではけっこういるよ」などなど。

電話での問い合わせも多かったが、数日前に、ハクビシンは宿主ではなく、感染しただけの可能性が高いと報道され、少し落ち着いてきている。動物園の動物は、検疫したり、動物舎の清掃も行き届いているので、ご安心ください。もっともハクビシン犯人説はあらぬ誤解のようだ。ただし、野生動物を捕まえて食べるのは、別の意味でも危険なので避けた方がいい。

**6月11日(水)**

ゴールデンターキンのオス・ボーズをメスのホーラと一緒にした。ボーズはホーラをおいかけるのだが、メスの方はいまいち乗り気でない。

ゴールデンターキンは超希少種なので、何とか成功さえたいのだが、気長にやっていくしかない。

6月17日(火)

オスとメスを一緒にして繁殖させるのを、自然繁殖というが、なかなかうまくいかない場合がある。その典型例がチーター。そこで、人工授精を試みようというプロジェクトが数年前からある。ポイントは、発情状態の確認、精液の採取と保存、麻酔の実施などだが、まずは、ヤギで試して、次にライオンでやることにした。お尻に電極を入れて刺激したところ、1.5ccほどの精液がとれた。これをマイナス196℃で保存して必要なときに授精させることになるが、今回はあくまでも試し。今後本格的にチーターでやることにしている。

6月21日(土)

チンパンジー・オス第2位のラッキーが、弟のビッキーを追いかけ始めた。特に珍しいことではないが、追われるとプレッシャーになるから、次第にビッキーの声が悲鳴に近くなっていく。その途中にラッキーが、メスのベロにちょっかいを出したところ、ミミー、ベロ、ナナの3人組が怒ってラッキーを追い始めた。こうなると立場は逆転。ラッキーは泣き顔になって、先ほどまで誇示していたビッキーに助けを求めた。さて、ビッキーはどうするのか。

6月27日(金)

絶滅の恐れのある種を中心に繁殖展示している多摩動物公園だが、身近にいながらなかなか見ることのできない種の飼育・展示も動物園の課題だろう。その良い例がモグラである。モグラは地中に穴を掘って住むのだが、必ずしも地中で飼う必要はない。穴と接触しているのが安心するポイントのようなので、ステンレス網でパイプをつくりそこで飼育できる。でも捕獲するのが大変なのである。園内にもいるのだが、なかなかつかまらない。やっと今日1頭捕まえることができた。また

飼育も大変である。地中の虫、ミミズなどを食べているのだが、ミミズに限らずいろんな虫を食べていて、餌も多様にした方がいいのは勿論だ。しかし虫を集めるのは意外に大変。おまけに大食漢ときている。

6月29日(日)

トナカイの赤ちゃんが5月に生まれている。名前はナナ。ところがトナカイの運動場には大きな段差があってナナはなかなか下に降りることができない。そこで、土を入れて段差解消。お客さんのすぐそばまで出てくるようになった。

トナカイはシカの仲間には珍しくメスにも角が生える。赤ちゃんのナナにも角が生えている。シカのオスはメスを確保するのに角で闘うので、それが角の主な役割とされている。ではトナカイのメスに角があるのはなぜか。モノの本には、餌となるコケ類が冬期に雪や氷で覆われるため、それをスコップ代わりにして掘り出すためといわれる。なるほど。

改めて観察してみて少し驚かされたのは、体のわりに蹄が大きいことである。割れ目も大きく開くようになっている。雪の上を歩くには蹄《ひづめ》が大きくて開くようになっている方が有利だ。

7月3日(木)

全国のコアラ飼育をしている園の職員が集まるコアラ会議というのがあって、毎年持ち回りで開催している。今年は多摩が当番。8園から約20人が集まった。そのうち14人が報告をした。繁殖計画から、飼育状況、餌のユーカリの確保、医療対策など難問を協議した。日本のコアラは全体に老齢化の傾向にあり、数もそれほど増えていない。こういった危機感があるから、皆真剣に討論に参加していた。

7月11日(木)

しばらく涼しい日が続いたが、今日は久しぶり

に暑い。プールで涼を求める動物たちも多い。アジアゾウが横になって全身を水のなかに入れていた。暑いと寝部屋に入るのをいやがるので、飼育係は一苦労。声をかけたり、水をかけたり、あの手この手で入舎を誘導する。この時期の重要な仕事である。

7月12日(土)

日に巣立ちした2羽のオジロワシの若鳥を見ている。大きさは同じくらいなのに2羽の行動が全く違っている。1羽は広いケージをいっぱいに飛んでいる。親たちやほかのイヌワシ、オオワシなど顔まけである。もう1羽は両親の近くから離れようとしない。大型のワシタカ類は、2羽の雛を生むが、通常1羽しか育てられない。飼育下では、餌や環境が安定しているせいか2羽とも育つ。そんな影響があって、1羽が親と特別の関係になってしまうのか、親も追い払おうとはしない。どちらが好ましい親子の関係なのだろうか。

7月18日(金)

朝出勤すると、近所の方からクジャクが道にいるとの通報。早速、捕獲班を編成して現地に赴くが、どこにいるか分からないので、退散。午後、再び電話があって、今度は捕獲網で捕まえる。どうもご迷惑をおかけします。

7月19日(土)

5月26日に生まれたトラ(アムールトラ)の赤ちゃんをはじめて公開した。あいにくの雨模様で、お客さんはまばら。このトラの子、母親はアシリといって、ベルリン動物園生まれの4歳で、今回が初めての出産である。初出産の時によくあるのだが、哺乳《ほにゅう》や育児のやり方がぴんときていない場合がある。アシリもどうやら1~2回は哺乳したようなのだが、その後の面倒をあまり見ない。特に、排便を促すためにお尻をなめたりする行動が見られない。便も出ないので、お腹が張って危険な状態になったので、親と離して、お尻を刺激したら便が出てきた。親元に戻しても育児できないと判断して人工哺乳に切り替えることにした。なるべく人工哺乳はしたくないのだが、命にはかえられない。今日から名前を募集して、8月16日に行う夜間開園の日に名前の発表をしてお客さまと写真を撮れるようにする予定である。

**8月1日(金)**

今日は5月に生まれたユキヒョウの赤ちゃんメス2頭の公開日。母親のミユキと一緒に展示場を探索しまわっていた。父親はカザフスタンから来たシンギスで、最初の子どもである。野生由来なので、血統的にはまことに貴重であり、来日3年目にして、やっと子を作った。さらにもう1頭のメス、ミカも6月に一子をもうけている。これもシンギズの子ども、こちらはオスである。早速名前の募集だが、シンギズは大統領からのいただきものなので、オスの命名は大使館にお願いすることにした。

**8月2日(土)**

今年3歳になるサーバルのムサシに、サーバルジャンプの練習を始めた。サーバルは、ネコの仲間で、樹上の鳥などをジャンプして捕らえる行動をする。2.5mくらいのところに肉を吊り下げてジャンプさせる。ムサシは、ジャンプ力は十分あるのだが、前足で肉を口に持ってゆくのがどうもうまくいかない。たまに失敗するのを見るのも悪くないでしょう。

**8月7日(木)**

朝カンガルーを寝小屋から放飼場に出すと、一斉に土を食べ始めた。前日、パコマという消毒液で放飼場を消毒したのだが、消毒液が体に良いと感じるのだろうか。動物によっては、薬草を選んで食べることがある。体が欲求するらしいのだが、これと同じ現象なのだろうか。それにしても薬に反応するのは珍しい。

8月9日(土)

台風が来たので、ユキヒョウの親子は大丈夫だろうかと心配していたら、子どもは雨風のなか面白がって元気に跳ね回っていた。

8月15日(金)

身近にいるけどなかなか見られないモグラを見てもらおうと、昨年から準備していた。やっとこ古い事務所を改修して、モグラの展示場ができたので、モグラを捕獲して試している。モグラは、ネズミに似ているが食虫目に属しており、全く別物。ネズミやリスの仲間は、歯が大きく縦に生えていて、ものをかじるのが特徴。モグラは、口先が長く、虫を食べるのに適した口になっている。違いが分かると面白い。23日には公開開始である。

8月24日(日)

レッサーパンダのメス・ネネが白い粘膜状の糞を出している。俗にパンダ病といわれる症状だが、特に病気ではない。元来が肉食の動物であったものが、竹や笹などの繊維の強い植物を食べるようになって、腸の粘膜が変質して、剥がれ、便になるようだ。その間、調子が悪くなる。ジャイアントパンダにも同じことが起きる。こんなこともあって、この両者は近縁の関係にあるなどといわれていた。実際、他にも妊娠期間が短いとか、この両者には類似の現象が多い。しかし最近の研究では特に近縁ではなく、ジャイアントパンダはクマ科、レッサーパンダはアライグマに近いといわれている。

8月25日(月)

チンパンジーのチコが、スズメの死がいを手にして、羽をちぎっていた。他の個体は全く無関心。チンパンジーは結構肉食好きなのだが、動物園で食べる肉類は魚肉ソーセージなど加工されたもの。生肉は好みでなくなるのか。

**8月27日(水)～28日(木)**

ハナカマキリの飼育担当のKさんによれば、午後2時頃から交尾を開始して、閉館になる5時過ぎまで続いていた。ハナカマキリの場合、オスはメスの3分の1くらいの大きさで、メスの鎌が届くような状態ではないので、まさかメスに食べられるようなことはないと思って帰宅し、28日朝見たら、オスがいない。ハナカマキリは、ランの花そっくりで隠れるのが得意なので、あちこち探してもいない。ふと床を見ると羽が一枚落ちている。やはり食べられてしまったようだ。オスは、メスよりもすばやく動くのだが、どうやって食べられたのか。

**8月31日(日)**

鹿児島からやってきたコアラのオス・コウとメスのショコラのペアリングをしてみた。特に発情兆候はないが、メス・アヤとの同居が長くなったので、この辺で気分転換をはかろうというわけ。一日中、相手の様子をうかがっていて、全然餌を食べない。

**9月1日(月)**

ニホンザルのメスの発情が始まったようだ。メスが発情すると、オスは落ち着かなくなる。メスをめぐって何やかやと争い、トラブルが起きがちだ。

本日は防災の日で、今年は日野市で東京都の訓練が行われた。そこで、多摩でもライオンバスが道路の亀裂にはまったという想定、さらに緊急にライオンを収容しようとして、1頭のライオンが寝部屋に入らず捕獲する訓練。ライオン役のYさんの演技にギャラリーは沸いた。

**9月2日(火)**

モグラが順調に育っている。5つの展示ケースにそれぞれ入れてあるが、常に半分くらいは動いている。特に、一番大きなケースで活発に穴掘り活動を展開していて、モグラの日常がよく分かる。

9月11日(木)

オオカミの遠吠えを撮影するのは難しい。私が近くに行くとやめてしまうのだが、今回初めて成功。だんだん大胆になってきたのか。

肉食動物には、自分がそこにいることを主張したがるタイプと隠したがるタイプがある。オオカミは前者の典型であり、ライオンを除くネコ科の動物は隠したがる。森林型の種は、待ち伏せて狩りをするパターンが多いからだろう。オオカミはその逆で追跡型だから、自分の存在がばれても、仲間との連絡の方が優先するのだろうか。

9月13日(土)

今日は、ユキヒョウの赤ちゃんの命名式。2頭のメスに「マイ」と「ミュウ」と名づけられた。この2頭、平成12年にカザフスタンから来日したシンギスというオスの子ども。シンギスは野生由来なので、世界的にも注目の的である。

今月は、定例の催しが多い月である。15日は長寿動物の表彰、21日は功労動物の表彰、23日は動物慰霊祭、担当の普及指導係はてんてこ舞いである。

9月21日(日)

台風で風雨強く、寒い一日となった。おまけに地震が加わって、最悪の日。

地震があると、動物の予知能力について聞かれる。学者たちがもう何十年も研究して、はかばかしい結果を得ていない。確かに、ナマズのように神経質な動物で、水底にべったりとはりついて生活して仲間は、地震に敏感に反応する。これは地殻の動きを感じているわけであるが、地殻変動が必ず大地震・地震につながるわけでないから、ナマズの動きで地震を予知するのは難しい。ナマズが動いて避難勧告など出していたらオオカミ少年になってしまう。他の動物でも大同小異であろう。

**9月22日(月)**

多摩のチンパンジー村は、日本の動物園で珍しい大規模集団の飼育をしている。チンパンジーは群れ生活をしていて、社会的集団を形成するから、他から新しい個体が移動して来ると群れに溶けこませるのが一苦労である。昨年、2頭のメスが九州からやってきた。1頭はすぐになじむことができた。モモコという愛想のいい個体で、誰にでも挨拶して、オスともメスとも数日のうちに仲良しになった。勿論、順位は一番下だが。ところが、もう1頭がなかなかで、挨拶ができないのである。以来、飼育係は悪戦苦闘である。

今日も、裏の飼育場では、挨拶できないマリナを他のメスと一緒にして群れ入りの訓練。最近、リーダーのオス・ケンタの庇護《ひご》を受けられるようになったので、その力を利用して、他のメスとの関係を安定させようというわけ。

**9月23日(秋分の日)**

毎年秋分の日は、1年間に死んだ動物の慰霊祭を行う。今年はチンパンジーのジャーニーなどの冥福を祈った。約１００人のお客さんに混じって、トラのセンイチ、ロバのコミミ、手乗り訓練中のチョウゲンボウなども参拝したのだが、終わってから動物たちのところにお客さんが集まって、20分くらい一緒に遊んでいた。

**9月25日(木)**

イヌワシ舎の工事で展示できなかったイヌワシ・ペアを、新しいイヌワシ舎に引越し。裏で飼っている間に生まれた幼鳥も一緒に。イヌワシはかっこの良い鳥だが、やや色が地味だから見やすい動物舎に入って人気が出るのを期待している。

**10月1日(水)**

本州のモグラにはアズマモグラとコウベモグラと2種類あって、大きさも分布も違う。これまで飼育していたのは、アズマだけだったが、コウベが手に入った。一見して二周りほどコウベの方が大きい。こんなに違うとは思わなかった。最近の調査では、コウベが東に分布を広げているが、箱根のあたりで止まっているとのこと。地質の違いがコウベの東進を妨げているという説が有力のようだが、私は温度も関係しているのではないかと見ている。

10月5日(日)

本日はズーフェスタの開催日。今年のテーマは「糞」。シフゾウ広場を使って、ゾウやキリンの糞を分析したり、フェイスペインティングやいろいろなゲームをして盛況であった。ズーフェスタは、毎年1回、TZVというボランティアが実施している。TZVは、日曜日を中心に簡単なガイドなどをしているボランティアで、一般から募集しているので、興味のある方は参加したらいかがでしょう。

10月9日(木)

5月に生まれたアムールトラのセンイチ、大阪の天王寺動物園から是非くださいという申し入れがあって、名前のこともあるし、貸すことにした。大阪ではメス1頭になっているし、親と一緒にできず、そろそろ展示場所の囲いも危なくなってこともあり、決断した。本日出立、大阪では人気者になってもらいたい。

10月11日(土)

2歳になるチンパンジーのモコがナッツ割りに挑戦している。殻付きのナッツを、鉄製の筒状の道具で割り、なかの実を取り出せれば成功なのだが、筒をまっすぐ下に下ろすことがなかなかできない。どうしても斜めになり、ナッツの殻は滑ってしまう。何度も何度も繰り返すのだが、まだまだ。努力が実るのはいつのことだろうか。

▲ゾウのアヌーラ　▼アフリカゾウのマコ

10月15日(水)

10月から11月は、会議の多い時期だ。今日と明日は、「種の保存会議」出席のために名古屋に出張。野生動物が少なくなるにつれ、野生から取ってこなくてもすむように、またできれば野生に復帰することも目指して、稀少な動物を繁殖させるのに力を入れている。そのために全国動物園の主要なメンバーが集まっての会議。当園のイヌワシやユキヒョウの話題が頻繁に出る。課題がたくさんあるのだが、注目されれば、がんばろうという気になってくる。

10月21日(火)

夕方近くにキリンやシマウマなどアフリカの動物たちのいるサバンナに行って見る。閉園が近くなるとキリンは寝小屋の近くに集まり始める。なかに餌があるのが分かっているから、早く入りたいのだ。するとサバンナには広い空間ができる。昼間はキリンのために、自由に走り回れないシマウマやオリックスは走り出す。しばらくすると彼らも飽きたのかおとなしくなり始め、やはり寝小屋に近づき始める。今度はダチョウやシュバシコウの世界になる。シュバシコウは、サバンナの盛り上がった小山の上に立ち、静かにあたりを睥睨《へいげい》している。こうして夕方は、昼間の世界と少し違った雰囲気の空間ができあがる。

10月23日(木)

サバンナにいるオリックスやシマウマは、ひっきりなしに尻尾を振っている。すぐそばにいるお客さんが、何気なく「何であんなに尻尾を振っているの?」とつぶやいていた。そういえば何でだろう。確かにめまぐるしいほどに尻尾を振っている。今まであまり気にしなかったのだが、いわれればそのとおりで気になってきた。そこで考えてみた。とりあえずの私の結論は、こんなところ。まず、尻尾はお尻を隠している。実はお尻と目は、動物の外に出ている部分では最も弱いところ。目はつぶってしまえば何とかなるがお尻はそうはいかない。そこで、外部からの進入を防ぐために尻尾があり、たかってくるハエやカを追い払うのに役立てているようだ。それに尻尾をチラチラさせていると襲う方からすれば相手を特定できにくいかもしれない、などと考えるに到った。皆さんはどう思います。今度はどのくらいの回数尻尾を振っているか、どういう時に多く振るかなどを調べてみようと思う。動物を見ていると興味はつきない。

10月30日(木)

昨年から展示しているハキリアリが元気である。このアリは、植物の葉を切り取って菌類に与え、その菌を食べて生活している。小さいアリが体より大きな葉を口ではさんで持ち上げて運び、細かく切りきざんで菌類に与える。こういうのは共生といってもいいのだろうか、単に菌類に消化させて、食べているだけのように見えるが、人によっては共生のジャンルに入れている。葉の切り口は綺麗な波型でそれだけでも見ていて面白い。

アリはよく働く代名詞みたいにいわれるが、よくよく観察していると、確かに大多数は軍隊のように行動しているが、あてもなくうろうろしているのがいる。形からして働きアリのようだが、どういう役割をしているかわからない。目的のある行動をしているわけではないのかもしれない。

11月5日(月)

昨年生まれのアフリカゾウ・マオは、順調だ。人に向かってこない程度に慣れさせるため、訓練を始めている。近づくと鼻をブンブン振って、何かよこせといわんばかりである。子どもだからとうかつに近づくと、なにせ600kgだから、まともに当たられたら吹っ飛んでしまう。動物舎の裏に、移動用の通路があって、そこで通路の端にある柵越しに、お客さんが近づける場所があるので、そこまで連れてきて、余裕があるときは、少

し餌を食べさせてもらうようにしている。

11月8日(土)

今年生まれた2頭のユキヒョウ。どちらもメスだが、同じ生まれでも差が出てきている。動きも体格も目つきも違うように見える。活発で小さいのがマイで、母親にじゃれたりちょっかいを出す回数も多い。もう1頭のミュウと遊んでいても、タイミングが違う。運動神経の違いか、性格の問題か。一緒に生まれても二卵性の双生児だから当然なのであろう。

11月10日(月)～11日(火)

春に種まきしたサツマイモ、いよいよ芋掘りの時期がやってきた。10日に準備していたら雨。芋畑だからぬかるんで、翌11日も雨、とても子どもたちに掘ってもらえる状態ではない。やむ得ず、来週に延期。

11月14日(金)

昨日から大型類人猿の保護などのための国際シンポジウムが多摩と東大で開催されている。

オランウータン、チンパンジー、ゴリラなどの専門家とNPO、動物園関係者などが集まって、類人猿の生息地環境の保全、教育活動の重要性などを討論した。この会議は、今年で6回目になるのだが、これまでは研究者中心だったのを、動物園で開催して、多くの市民に参加してもらうことによって普及度を高めるのを狙った。結果としては大成功で、特にNPOが張り切っていたのが目立った。

11月18日(火)

チーターの繁殖は当園の最大課題。ということで、マンサクというオスとユリというメスの同居作戦を決行。しかしじゃれあうことが多く、少し思惑はずれである。

先週、雨で流れていた幼稚園児の芋掘りを行う。

約70人の園児が来て、サツマイモのつるを掻《か》き分け、200本以上を収穫。その足で、カンガルーに食べさせようとしたが、いつもなら喜ぶカンガルーたち、沢山の子どもが来たので、びっくりしてしまった。トナカイにもあげると、こちらは寄ってきて成功。最終目的であるアフリカゾウへのプレゼントはうまくいって、まずまずであった。

11月19日(水)

休園日は忙しい。普段お客さんがいるとできないことをやる。本日は、コウノトリの親子わけ。今年生まれた子どものコウノトリが大きくなったので、親から離して若い個体のいる大部屋へと移動。ついでに標識をつけたり、血液をとったり10人の飼育係と獣医で、2時間ほどかけて終わった。

コアラのオスメス同居のための捕獲も試みた。でも餌のユーカリのところに下りてこないので、今日は断念。

11月27日(木)

展示しているフクロギツネのパンプキンの袋内に子どもがいるらしい。顔を出したりしているわけではないが、お腹が大きい。この動物、英語ではポッサムという有袋目《ゆうたいもく》の一種で、キツネ顔をしているからフクロギツネを呼ばれている、とものの本には書いてある。でも私が見る限りでは、特にキツネに似ているとは思えない。肉食でもないし、なぜこんな和名になったのか不思議な気がする。

11月28日(金)

ライオンバスの発着場の屋根上にライオンが登っている。ことの始まりは事故があって1年以上運動場に出していなかったメイという名の個体を群れに復活したことから始まる。日ごろから仲のよくないサクラがメイを追いかけ始めた。他の個体も悪乗りしてメイをいじめたので、屋上に逃げてつかの間の平穏をとりもどしたのだが、それを追いかけてサクラも屋上に登るようになった。

しかし屋上に登るとこの2頭、にらみ合いはするが、大喧嘩にならない。ところでこの両者は親子なのである。

12月2日(火)

浜松市で開催の飼育技術者研究会の全国総会に行く。飼育係や獣医が、動物園での経験や研究成果を発表する研究会で、年に1度全国持ち回りで開催される。40くらいの発表があって、いささか疲れたが、熱気が伝わってきて、刺激になる。内容もさることながら、飼育職員のやる気のようなものが充満して、老体に属する私としてはいささかたじたじとなる。

12月4日(木)

平成17年に出来上がる予定の新しいオランウータン舎の打合せを行う。タワーを建ててその間をロープでつなぎ、オランウータンに渡ってもらおうという企画。140mくらいの空中をオランが腕渡りをする。そのタワーの位置を決めかめていたが、園長なども入って現場で確認。

夕方、オランウータンやコアラの飼育を長年勤めたMさんが勲章をいただいたので、その叙勲祝賀会。130人くらい集まって盛会であった。こういう会は文句なくうれしい。

2004年1月1日(木)元日

明けましておめでとうございます。元日の朝は、気分も変えて園内を一巡するところから始めた。今年はサル年なので、さっそくチンパンジーの放飼場へ。ちょうどチンパンジーたちが、寝部屋から運動場に出てくるところ。チンパンジー村の挨拶だ。メスが特有のフォッフォッという声で、第1位のオス・ケンタに挨拶。

年末から調子をくずしているマレーバクのメス・コロの様子を見に行く。元気がなく、食事もあまりとらないので、点滴をする。マレーバクは不思議な動物で、背中や首のところをデッキブラシでゴシゴシとこすってやると気持ちよさそうに横になる。このときは、注射などしてもおとなしくしている。他の動物に点滴などするときは麻酔をかけなければならないのに、大助かりである。早く回復してくれればいいが。

**1月2日(金)**

今日から開園。朝、来園のお客さんに新年の挨拶をして、11時からライオンの赤ちゃんを間近で見る、という催しの案内役をする。昨年は7頭のライオンが生まれた。ひと組は8月生まれの4頭で、もうひと組は11月生まれの3頭。特に11月生まれの3頭は小さくて可愛《かわい》いが、まだ群れに入れるのは無理なので、お客さんからよく見えないところにいる。そこで、管理ヤードに案内して、間近でライオンを解説しながら見てもらおうという催しである。1回15分くらい、50人をめどに案内すること14回。11時から始めて2時半くらいまで行ったが、日ごろの不摂生がたたって疲れた。4日まで実施したが、風邪を引いてしまった。我ながら情けない。

**1月8日(木)**

コウノトリの開放飼育を目指して、いろいろと試行を重ねている。開放飼育と言ってもコントロールの効かないところに飛んで行っては困るので、飛行抑制装置を開発してきたが、試作品第3号ができたので、年末に装着して、10日間後の今日、チェックしてみた。何とかうまくいきそうである。希望が出てきた。

**1月12日(月)**

ライオン放飼場の脇を歩いていると、いつになくカラスの鳴き声が大きい。上空をみるとオオタカが旋回している。ライオンのところには取り立てて食べるものはないから、不思議に思っていたら、急にひらひらと舞い降りてきて、ライオンが寝そべっている2mくらい横にある小さな白いも

のを摘んで飛び上がった。どうもライオンに食べさせている牛骨の切れ端らしい。しかしうまくつかめなかったようで、すぐに落としてしまった。その後も1時間ほど上空を飛び回っていた。牛骨の骨片を狙うくらいだから、よほどおなかがすいていると見える。

**1月22日(木)**

事務的な仕事が多い1週間で少し欲求不満。短い時間を利用して園内を歩く。

**1月23日(金)**

4年前から里山再生事業がスタートしていて、いろいろな方たちが管理事業に参加してくれている。今日は板橋区の桜川中学校の生徒たち110人ほどが、ライオン園裏の笹狩りをしてくれた。指導は環境ネットワークの皆さん。のこぎりや鎌など扱ったことがない中学生たちは、大はしゃぎ。怪我もなく無事終了したが、終わってみるとあたりはきれいになっている。成果が見えることもあって、皆満足気であった。

中学生ともなればこのくらいのことができるのだ。他にも参加する中学校を探すことにしたい。

**1月29日(月)**

今年もユキヒョウの子どもを作ろうと見合い作戦実施中。先週は、シンギスというオスとメスのミカとの同居を行ったが、首尾よく交尾までこぎつけた。今日は、メスのマユと同居開始。ところがどうもマユがぎこちない。あまり乗り気でないようだ。多摩には成獣のメスのユキヒョウが3頭いる。昨年子どもを2頭生んだのは、ミユキ。2頭の子どもと大きな放飼場で遊んでいる。今年は、子育てに専念して、出産はお休みの年である。

**2月2日(月)**

少し暖かくなって来たためか、あちこちで動物たちの動きが慌ただしくなってきた。春の動物園はこうでなくてはいけない。ところがあまりありがたくないこともある。アジアゾウのアヌーラにムストの兆候がある。ムストとはゾウに特有の現象で、特にオスの場合顕著である。こめかみのところから液体がにじんでくるのだが、この時期はかなりいらいらした状態になる。飼育係にとっては要注意である。ゾウの調教は最近新しい方法が開発されて、やりやすくなった。かつてはオスゾウから、血液をとることなど至難の業《わざ》であったが最近では何とかできるようになってきた。ただしムストとなると別である。こちらとしては、ムストとホルモンの関係を解明したいのだが、そのためには血液を採る必要があるのだ。ムストの原因は、発情ではないかというのが定説だが、本当のところ分かっていない。アヌーラも50歳、長寿の域に達したが、まだまだ元気である。ちなみにゾウの寿命を聞かれることがある。私は、人間とほぼ同じと答えるようにしている。寿命はこれまでの経験で計算するが、最近になってどんどん長くなっている。最年長は今のところ、77歳という非公式記録があるが、１００歳近くまでいくのではないか。

**2月7日(土)**

本日、ライオンの3頭の子どもと母親ナラを放飼場に出す。他のライオンがいじめないかと少し心配したが、母親のナラが威力を発揮。他の個体をよせつけない。かえって、他のライオンたちがビクビクしていた。動物は、そのときの事情で全く行動や姿勢が違うことがある。母親としての自覚がそれをさせるのだ。母は強し、である。

**2月8日(日)**

多摩には3羽のエミューがいる。１羽は卵を産むからメスだと分かっているが、4年前、上野から来た2羽のきょうだいは、オスメスがわからない。３歳になったので、そろそろ何か動きがあるかと思っていたら、お互いに争い始めた。どう

もかれらにとっては、一番高い場所が良い場所のようで、その場所を巡って争っている。ところが毎日勝利者が変わる。多分一番発情度合いの高いのが強くなると思われるが、なかなか拮抗《きっこう》している。こんな争いをするのなら両方ともオスか。

2月10日(火)

コウノトリの産卵が始まった。コウノトリは53羽いるが、ペアになっているのは、これまで5ペア。あとは独身で、若い鳥は大きなケージにいれ、成鳥になってペアの兆しが見え始めたら、隣の少し小さな「お見合い」ケージに移動させて、様子を見る。ペア形成が難しいのである。毎年、猛禽舎の斜め上にいるペアが一番乗りで動き出す。どうも3つ卵があるらしい。

今年は、豊岡のコウノトリの郷公園と6羽ずつの交換をした。これが刺激となっていくつか新ペアができそうである。ペアになると2羽だけのケージを用意しなければならない。場所探しも大変だが、いつもいないところにペアを見つけたら、新ペアですので、探してみてください。

2月17日(火)

秋から冬にかけて落角するシフゾウのオスに、角が生えてきた。袋角といって、まだ柔らかく血管や神経が通っている。この段階のオスは至極おとなしい。戦うべき手段がないからであろう。こんな角で争ったら、血だらけになってしまうに違いない。その代わり、角が固まってきて、袋状の表面が破けてくるようになると一変して攻撃的になる。そのときは飼育係も要注意である。

シフゾウは、漢字では「四不像」と書き、中国原産なのだが、野生では絶滅してしまった種だ。北京の庭園で飼育されていた群れを、フランスに持っていって動物園で繁殖させたものが生き残っている。多摩にいるのもその子孫。モウコノウマとともに、動物園が「箱舟」だとされる証拠動物となっている。

**2月22日(日)**

朝飼育係が動物舎に行くと、チンパンジーの赤ちゃんミルが大声を上げてひきつけを起こしている。母親のサザエは不安気に抱いたりおろしたりしている。そのうち、肌の色も戻って、回復してきた。原因は良く分からないが、自力でサザエに抱きつくようになり、一安心。

**2月23日(月)**

一昨年にユキヒョウ横にビオトープを作ったが、昨日その池のなかの石になにやら卵のような黒い粒が沢山付着していた。詳しく調べようと行って見たらもうなくなっている。カエルの卵かもしれないが、あまり見たことのない種類だった。何だろう。図鑑を見ても分からない。自然は思いもかけないことを生み出す。

**2月29日(日)**

トラたちが公衆の面前で交尾している。トラは「交尾排卵」といって、交尾が刺激となって排卵を起こす。他のネコ科でも良く見られる生理であるが、普段単独生活をしていて、偶然異性と遭遇する場合に有利である。つまり、ちょうど排卵の時期に異性と会えるとは限らないので、会って交尾すると排卵して、その後も何度も交尾すれば妊娠するというわけだ。だから交尾行動を休み休み何度も繰り返す。皆さんの目に触れる機会も当然多くなる。近くで工事をしているので、妊娠に影響がないといいが。ちなみに、妊娠期間は、１００日前後である。

**3月1日(月)**

ダチョウが産卵しているので、重さを量ると１４２０ｇであった。長い方は16センチもあった。大きいとは知っていたが、いざ近くで見てみるとさすがに大きい。

3月2日(火)

ヤクシカを見ていたら、突然オス同士が角突きを始めた。あまり真剣には見えないが、訓練をしているのか、順位を確認しているのか。春になると頻繁になる。

3月3日(水)

昼間、ゴールデンターキンのメス・ホーラが力んでいて、すぐに後ろから子どもの足が2本出てきた。出産である。ホーラはこれまで何度も妊娠・出産を経験してきたが、流産したり、乳が出なかったりでご難続きであった。今回もオスとの交尾を確認して、出産準備をしていたがなかなか生まれないので心配していた。でもおなかは大きい。10分くらいかかって3時45分無事出産完了。子どももすぐ立ち上がることができた。ワラを十分ひいて、滑りにくくしておいたのが功を奏した。やはり準備が万全だとうまくいく。

4時過ぎに乳も飲み始めたと担当のIさんから報告があって、ほっとしたところだ。あまり近づかないようにそっとしておこう。

母親のホーラは、中国陝西省の野生で捕獲されたもので、ほかに同系統の個体は日本にはいないから、とても貴重である。順調に育ってほしい。

3月6日(土)

3日生まれたターキンの子どもはメスだと分かった。そこで名前は、ほかの個体と同様に漢字でつけようと風華《ふうか》と名づけた。この分だと20日頃から皆さんにお目見えできるだろう。

そろそろ3才になるチンパンジーのモコがナッツ割りに挑戦していたが、なかなかうまくいかなかった。ナッツ割りとは、ステンレス製で円筒形の道具で、平らな石の上にナッツを乗せて、たたいて割る行動である。これまでは、斜めにたたいたりしてなかなか割れなかったが、今日きちんと真上からたたいて割るのに成功した。年上の個体でもまだ割れない個体がいるので、こうしたことの成否は、どうも興味の強さやナッツを食べたいという意欲と関係しているのだろう。

3月15日(月)

本日、コスタリカからヒカリコメツキ18匹が来園。日本では初めての展示である。この虫は、名前のとおり光るコメツキムシである。これまで光る虫をいくつか見たことがあるが、どの虫よりも強く光る。胸の両脇にふたつの発光器があって青白い色を出している。なかに2匹だけオレンジ色に光るのもいる。ヒカリコメツキには300種くらいいて、どうもこの2匹は種が違うらしい。なぜコメツキムシというのか疑問だったので、専門のTくんに聞いたら、体の一部に米搗きのような動きをする器官があって、それを使って跳ねることができることから来ているとのこと。これもまた珍しい。

3月23日(火)

アカカンガルーの赤ちゃんが数頭生まれている。カンガルーの誕生は、正式には袋から出た日であるので、袋内にいるのが確認されても生まれたとはみなさない。いまのところ3月15日の1頭だけであるが、袋のなかから出てきていないのが他にも多分3頭いて、ややラッシュ気味である。

カンガルーには、カンガルー病という特有の病気があって、どこの動物園でも苦労している。歯茎から病原菌が入って起きる病気で、なかなか直らない。ある面積の飼育場で、ある頭数以上になると発生してしまう。多摩だと25頭になると頻発する。昨年末から出ていたので、消毒をしているが、心配である。カンガルーはしきりに土を食べるから、そこから感染する可能性があるので、きれいで殺菌性がある土を食べさせればと考えて、荒木田という粘土質の土を入れている。結構食べているので、今日は赤玉をいれたらこれも食べる。うまく育ったら、原因解明の役にたつかもしれない。

3月27日(土)

クロツラヘラサギの雛が2羽生まれた。この鳥、地味なのだが、世界でも多摩でしか飼育していない珍鳥である。名前のとおり、顔面が黒くてヘラ状の嘴を持っている。このヘラを左右に振って小さな魚などを捕まえる。昔の中国では、この嘴をスプーン代わりに使ったという。

3月31日(水)

チンパンジー村では、お茶をめぐって珍しい争いが起きた。ピーチが10円玉でストレートティーを買って飲もうとしたところ、ペコがミルクティーを買った。するとピーチはそちらの方がいいとばかりに、ミルクティーを横取りする。早速飲もうとして、ストレートティーの方は忘れてしまい、それを4月に3歳になる子どものモコがゲット。初めての経験ですごく満足そう。

4月7日(水)

ペリカンの雛が孵化した。元気に育っている。10日と11日にも続けて孵化《ふか》している。

4月11日(日)

コアラのオス・コウが臭《くさ》いにおいを発している。コアラの胸には臭腺《しゅうせん》があり、それが黒く変化している。オスは毎年定期的に臭腺を黒くして、そこから出るにおい物質をすりつけて、縄張りを強く主張する。発情が強くなった証拠である。コウが来園したのは昨年の5月だったので、多摩に来てから初めてである。今年はコアラが初めて多摩にきて20周年だから、是非繁殖に成功したいので、うれしい兆候である。

4月12日(月)

オランウータンにハーモニカを吹かせようと、担当のKさんが懸命に訓練。ジプシーというメスが、吸ったり吹いたりし始めた。結構いい音が出てい

る。でもすぐ飽きてしまうのが難点。他の個体にも与えると、皆で取り合いになっている。縦笛も与えるが、こちらは指がうまく使えないので、少し無理か。連休中にでも皆さんに披露するつもり。
　アフリカゾウのマオがヘリコプターの音に驚いて、動き回っている。多摩動物公園上空は、横田基地への通り道だからヘリコプターが飛ぶのは頻繁なので、慣れているはずだが、今日のは何か違うのだろうか。

4月14日(水)

　コウノトリは毎年確実に孵化して、数が増える一方だが、実は孵化させているペアは２ペアだけであった。今日は私たちが八木山《やぎやま》ペアと呼んでいる、仙台の八木山動物園から来たペアが始めて雛をかえした。驚かせて、雛を育てなくなってはいけないので、担当のSさんも慎重に遠くから見守る。早く餌を与えてくれればしめたものだが。

　チンパンジーの運動場を掃除していた担当のN君が、空き缶が16本もあるのを発見。チンパンジーに10円玉は5個しか上げていないのに。この報告を受けて、私は誤解して、誰かが空き缶回収機に入れるのに成功したかと思ってしまった。チンパンジーのジュース売り場の隣には空き缶回収機があって、空き缶を入れると10円玉が出てくる仕掛けになっているが、なかなか成功しない。
　やっとかと思ったら、何のことはない、お客さんが10円玉をあげていたらしい。あまり飲みすぎると体に良くないのでご勘弁を。

4月18日(日)

　本日からライオンの裏側探検を開始した。ライオンの近くまで裏側の近くまで降りていって、まじかに見ようというもの。１５０人くらの方を案内できて、大好評。期日を決めて定期的に実施していくつもり。
　誰だか分からないが、ライオンがバスのバック

ミラーを捻じ曲げて壊してしまった。頑丈にできているのに、やはりすごい力だ。

4月22日(木)

シマウマの前で眺めていたら、「縞は黒地に白か、白地に黒か」と聞かれた。これ結構難しい問題である。最近の実験によると、普通に毛を剃ると縞に濃淡がある。深剃りすると肌色になる。しかしよくよく調べてみると、どうも地の色と毛の色とが相互に関係しているらしい。つまり、皮膚には、ごく表面にある表皮と、その下の真皮がある。表皮には、メラニンという黒に近い色の色素が分布しており、その下の真皮は肌色である。毛は真皮から生えている。だから毛を剃ると、表皮の黒色に、毛根の色が混ざって薄い縞となり、深剃りすると表皮と毛根を削ってしまうから、肌色になる。つまりどちらも地色ではなく、あえていえば肌色が地色ということになる。

4月30日(金)

今日はサーバルのジャンプを中学生に見せていた。サーバルは樹上の鳥などをジャンプして捕まえるのだが、空中につるした肉に狙いを定めて、ジャンプして前足の爪で引っかけ、空中で口に持っていく。地上に降り立ったときにはすでに口のなかである。でもあまりすばやくて目の悪い私にはよく分からない。3回も見ていたが、やはり判然としない。年はとりたくないものだ。

5月2日(日)

エミューが産卵したというので見に行く。しげしげと見ていたら面白いことに気づいた。斜め後ろから見ると耳の穴が異常に大きい。前や横からでは分からないのだが、角度によって蟻地獄のようにぽっかりと穴があいているのである。エミューは飛べない鳥で、オーストラリアの平原で生活している。同じような生態のダチョウにはこんな穴のような耳はない。こんな報告は、文献に

▲マレーバクの親子　▼シフゾウ

は見あたらない。どうしてだろうと考えたが、どうやら大きな声を発することや平原生活と関係があるようだ。つまり遠いところにいる仲間と交信するのではないか。前方は目で、後方は耳で広範囲の連絡ができるようにすり鉢型の耳をしているのではないか。こんなことが今頃になって分かるなんて、不覚を恥じるとともに改めていろんな発見があることを感じさせられた。

**5月7日(金)**

生まれて2ヶ月になるターキンの風華が、展示場の堀に降りようとしている。60度位の角度の絶壁をすいすいと降りて行く。岩山に住んでいる動物だから当たり前といえば当たり前なのだが、やはりお見事、安心して見ていられる。

**5月9日(日)**

トナカイのナタネが出産した。なかなか授乳しないので、担当のTさんが人工哺乳することにした。このままでは、親と離さなければならないかと心配していたが、11日になって親が乳を飲ませていた。もう安心である。1日半ひやひやものである。

この季節ちょうどオスの角が大きくて真っ黒な袋角状態である。さすがに見栄えがする。カメラを向けたら向かってきた。この時期、警戒心も強いのかもしれない。

**5月16日(日)**

日野市のボーイスカウト、ガールスカウト連合の皆さんが、山の下草刈りに来てくれた。のこぎりを使って柴草を刈ってくれたのだが、見る見るうちに一面が切り払われていた。やはり人海戦術は効く。

**5月18日(火)**

ひさしぶりにコウベモグラを展示場に出したところ、網パイプの途中で止まって動かけなくなってしまった。何度も後退しようとするがダメ。パイプは、アズマモグラ用にできているので、アズマモグラより一回り大きいコウベにはきつかったのか。このままではいけないので、アクリル板をはがして、土も出して救出。翌日パイプを太くして再挑戦してみよう。モグラの家が泥だらけになってしまった。

**5月20日(木)**

本日、横浜の野毛山動物園から来たレッサーパンダのカグヤを初公開。元気によく動き回る。でも同居の黄太郎を盛んに追い回していた。何か気になるのだろうか。

少し見ていたら、お客さんがレッサーパンダのお腹が黒いと言い出した。確かに背中はこげ茶なのに、腹部の毛色は黒である。これはかれらの生活と関係がある。要するに樹上に居ることが多いのである。木の上にいるパンダを下から見ると、葉群れの暗さにまぎれるようになるので、ヒョウなどの天敵から隠れやすいのであろう。一種の保護色である。だからといって腹が黒いわけではないと申し上げた。

**5月26日(水)**

ソデグロヅルのメスが雛を摘み上げるしぐさをしている。はっきり分からないが孵化している様子。翌27日雛が巣を離れて、餌を食べている。鳴き声も聞こえるようになった。

**5月28日(金)**

一昨年来園してなかなか群れになれなかったマリナもやっと群れにはいるようになってきた。そこで今度は繁殖計画。種オスのラッキーと同居作戦の開始である。ラッキーは少し気が弱いが乱暴なところがあるので、鎮静剤を少し入れてマリナと一緒にした。しばらく相手の様子を見ていたが、1時間も過ぎてから、ラッキーが何とマリナの方に手を差し出して友好のしぐさ。その後は順調に過ごしていた。大成功である。

6月4日(金)

動物の糞尿を使ってバイオガスを発生しようとこの一年間研究してきた。本日は、実際に開発しているプラントの視察に埼玉県の本庄まで出張。なかなかコンパクトにできたプラントでにおいもほぼゼロ。ただし、ワラなどはガス発生効率が悪いのが欠点。なんとか軌道に乗せたい。

6月7日(月)

先日から展示を開始したヤシオウムがそろそろ慣れてきたようで、枝などをちぎって樹木を丸坊主にしてしまった。ヤシオウムは、オウムの仲間では一番大きく、冠毛《かんもう》が立っているのが特徴。とにかく目立つ風貌なので、密猟され、密輸入が絶えない。この個体も中部地方で摘発されたのを預かっている。名前のとおり椰子の実をかじるほど強い嘴を持っている。

6月10日(木)

ツル柵にいるコウノトリのペアが季節はずれの巣作りをしている。普通、コウノトリは樹上の横枝が張った場所に巣を作るので、台座を用意しておくのだが、このペアは台座の上には少ししか枝を集めないで、地上に巣作りしてしまった。しかも相当大きい。そういうケースもあるのかと。

6月12日(土)

オランウータンのオス・ボルネオに雑誌を読ませてみた。何やら、ページの一部を切り取って並べている。担当のKさんが見てみると、なんと雑誌の写真の部分だけをきれいにとっているではないか。これが偶然か、写真に興味をもっているのか、これから何度か与えて確かめてみることにする。

6月13日(日)

4月からサポーター制度を発足させた。市民に寄付を募って、餌や動物の環境改善に役立てようとする試み。その代わりといってはなんだが、サポーターズデイを設けて特別のサービスをすることにした。本日は第1回である。ライオン舎の内側に入ったり、人工哺乳しているネコ科のサーバルと遊んだり、2時間ほどすごして、参加した皆さんには好評であった。

**6月19日(土)**

昨年生まれたゴールデンターキンのキンタがブドウ状糞をしているとの報告を受けた。比較的よくあることだがあまりよい兆候ではない。かれらの普通の糞はキリンや羊のように小さな粒状の糞をするのだが、その粒がネバネバしたものでつながってブドウの房のようになっているのを、ブドウ状糞という。なぜネバネバになるのか、かねてから疑問に思っていたので、獣医さんに聞いてみたら、多分腸の粘膜の一部が剥がれて出てくるのだろうとのこと。腸の調子が悪いと、どうして粘膜が剥がれるのだろう。不思議はふえるばかりだ。

**6月22日(火)**

静岡の日本平《にほんだいら》動物園から来たマレーバクのメス・ユメの展示を始めた。目がパッチリとしていてなかなか美形である。まだ広い運動場には出せないのでガラスの展示場にいる。ここはすぐ近くから動物が見られるのが利点だ。すると目の前ほんの20センチくらいのところで横になった。やや目が飛び出しているので、藪のなかで目を傷めてしまうのではないかと覗き込んでいると、瞬きをしない。そのうち、眼球の表面をコンタクトレンズのような薄い膜が動いている。瞬膜《しゅんまく》である。バクは奇蹄目だから、広くいえば馬の仲間。馬は頻繁に瞬きするが瞬膜はない。奇蹄目《きていもく》だから同じだろうと思いこんでしまっていた。

ちなみに瞬膜は眼球の表面を防衛したりする役割をする膜である。瞬間的に開閉して表面のゴミなどを取ったりする。目に何か入ろうとしたとき、人なら目をつぶるが、彼らは瞬膜も閉じて、二重に防衛する。

6月27日(日)

チンパンジーの一番小さなミルは、1歳半、遊び盛りである。母親からだんだん距離をおきだし、少し上のモコやベリーにじゃれついている。4歳を過ぎたベリーはややもてあまし気味。

突然、ミルがジュースの自販機取り出し口に首を突っ込んで抜けなくなった。みんなが注目したとき、母親のサザエが飛んできて、引っ張り出した。一件落着。その後ミルは自販機には近づかない。

7月8日(木)

佐渡でトキ繁殖方針を決める検討会議に行ってきた。今年の繁殖状況について説明を受けたが、初めて自然繁殖に成功して、順調に進んでいる。あとは新しい個体が中国から来れば。ついでにサドモグラを見せてもらった。大きい。穴を測ったら、コウベモグラより5ミリは大きい。これは是非、多摩で展示したいものだ。

7月11日(日)

夕方にかけて強い雷が落ちる。インドサイのビクラムは、驚いたのか運動場内を走り回っていた。ところがチンパンジーのサザエときたら運動場内のタワーに上って降りてこない。すぐそばに避雷針があるから、直撃されたらどうしよう、などと思っていたが、全然動じない。

7月13日(火)

この夏は暑い。オランウータンのジプシーにウチワを見せて、まずはこちらで扇いで見せた。ついでに涼しい風を送ってあげる。そこまでしておいて、今度はウチワを渡してみると、自分であおいでご満悦である。他の個体にもやってみたが、ぐちゃぐちゃにしてしまった。誰でもできるというわけではないようだ。

7月17日(土)

6月にパルマワラビーのアジサイが死亡したの

だが、袋のなかに赤ちゃんがいた。まだ１００ｇくらいの胎児で、ワラビーの人工保育はあまり成功したことがないので、哺乳することにした。今日で、20日になるが、元気である。多分、多摩ではワラビーの人工保育成功例はないこともあり、みんなで交代で哺乳している。カンガルーのなかでも小型のものをワラビーと呼んでいるが、どこまでがワラビーで、どこからがカンガルーなのかはよく分からない。

**8月2日(月)**

1歳半になるチンパンジーのミル、何事にも興味を示して、今回はアリ塚に挑戦。与えた茎が、アリ塚の穴にうまく入れられない。さてこれからどういう風に工夫するのか、みものである。

**8月11日(水)**

キリンの首は高い木の葉を食べるために長くなったというのは常識だが、長くなるにしても動物は地面の水に口が届かなくてはいけない。ゾウは、こうしたことを解決するために鼻を長くした。キリンはどういう風に水を飲むのか。でも多摩のキリンの運動場にある水飲みは、地上２ｍくらいのところに設置してある。これはいかにもまずいので、今回、水飲みを低くすることにした。キリンたちは慣れない水飲みに苦労しながらも何とか飲んでいる。

**8月13日(金)**

夏も盛り。今年は特に暑いので、動物たちに何とか涼しさを提供しよう。ユキヒョウには氷の塊、オランウータンには団扇と氷に果物、ゾウには水掛けなどすぐにできることをやってみた。ユキヒョウは、何だこれ、といった感じで、周辺をうろつき、ペロッとなめてそれでお終い。オランはそれぞれの個性を出していた。チャッピーは、氷のなかの果物を出すのに必死。おなじみジプシーは団扇にカキ氷を乗せて遊んでいた。

8月14日(土)

昨日からお盆で開園時間を延長する。そこで特別企画「ライオンの裏側見せます」を開始。いつもはライオンの寝部屋になっているところを案内。部屋に残っている4頭のライオンを間近に見て、お客様は満足。こういう企画は飼育係員とお客さんとの距離を縮める意味でも大切である。

8月21日(土)

チンパンジーの自動販売機のジュース、缶の代わりに一部ペットボトルを入れてみた。缶ジュースだとプルトップを起用に開けるのに、ペットボトルだと勝手が違うのか、キャップを開けることができない。キャップを回すのとは違うのだろう。それでも底や横の部分を食い破って飲んでいる。いったん飲む方法が分かってしまうと、それが定着するから、キャップ回しへの挑戦は挫折ということになるか。

8月24日(火)

新しく来園したカナコを、裏の飼育ケージに入れて、群れ入りの準備をしている。安定しているオスのケンタと見合いさせているが、まだなかなか仲良くならない。裏のちょっとした騒ぎが表の展示場のチンパンジーたちにも伝わるのか、全体に落ち着かない。

スイカを与えたら、争奪戦が起きてしまった。オスのビッキー、ラッキー兄弟は、いずれもメス群をコントロールできずに、オタオタしている。この分では、まだまだケンタの時代は続くだろう。

8月25日(水)

朝、トキ類の様子が少しおかしい。おびえているようにも見えるので、担当がケージ周辺をチェックすると、オオタカの羽が落ちていた。網の外からアタックしたのだろう。

マレーバクのオス・スリスクのお尻から腸が出ているのを発見。すぐに戻ったので一安心だが、

これからヘルニアの心配をしなければいけない。

8月31日(火)

アムールトラのオス・ビクトルはよく動く。全国あちこちの動物園を回っているが、これほど活発なのはあまり見ない。このところ1日運動場に出ているせいか、特に元気がよいように見受けられる。

9月5日(日)

8月8日にトラの子が1頭生まれた。普通2~3頭生まれるのだが。今年も1頭だけ。少産の体質なのだろうか。昨年は親のアシリの乳の出が悪く、結局人工哺乳することになってしまったが、今回は乳もよく出ているようだ。このところ乳産室から出ることが多くなってきた。今日は、親子で出てきて、はっきりと授乳を確認することができた。もう自力でしっかりと歩くことができるようになっている。体重測定すると4800gほど。1日100g以上増えて行っている。実は、私もカメラだけで、実物をまだ見ていない。担当者以外はなるべく近づかない方がいいので、遠慮しているが、この調子なら観察してみようか。親子で皆さんの前に出られるのも、遠くないだろう。

9月11日(土)

イヌワシ舎前を歩いているとお客さんが何か言っている。見上げてみるとケージのネットにイヌワシが逆立ちしてつかまっている。しばらく動かないので、お客さんは「死んでいるじゃあ」などと言っている。何かに驚いて飛び立ったが、目の前にネットがあったので、慌ててつかまった。でも、つかまってから立ち上がることができずに、仕方なく逆立ちしたのだろう。しばらくじっとしていたが、落ち着いたのか、態勢を整えて逆立ちのまま発進して奥の巣台に戻っていった。カメラを持って行かず、残念。

9月16日（木）

インドサイのオス・ビクラムがカラスと戯れている。カラスが背中をつつくと横になって応じ、柵の上に止まると、両足を柵にかけようとする。どうも怒っているようには見えない。カラスも遊びに来ているのか、何かほしいものがあるのか、よく分からない。

17日には、同じビクラムが運動場を走りまわっていた。何事かと思ったら、運動場の上の藪で、担当のY君が、草を刈っていた。上の方に誰かいると不安になるようだとは、Y君の説明である。そういえば、ビクラムは、ネパールでトラに襲われて保護された個体である。

9月20日（月）

10日生まれのモウコノウマの子、本日初お目見え。親の後ろを何とかついて、元気に走りまわっている。モウコノウマの名前は、多摩で生まれた個体は、ＡＢＣ順にしている。最後にうまれたのがダイアナ＝Ｄだから、次はＥということで、エコロジーからエーコと名づけた。

9月26日（日）

来年春には、新しいオランウータン舎ができる。今度の動物舎は、従来のより数段大きい。そこで新しい個体がほしい。情報網をはっていたらジャカルタと台北にいい個体がいるとのことなので、本日から5日間、表敬訪問に行くことにした。海外からの動物輸入する場合、メールや手紙、ファックスでも用が足りる場合もあるが、多くの場合お互いの信頼関係が重要になる。つまり、実際に相手の顔を見て、お互いの意見や要望を交換しながら進めるのが一番良い。うまく行くがどうかは分からないが、ともかく顔を付き合わせた方がいいのだ。結果として、相手の状況がよく分かったので、それにあわせて何とか輸入の手立てを考えることにした。自費で行くのだが、反面気楽である。

10月1日(金)

人工保育したパルマワラビー、名前をゴーヤと名づけて、園内の散歩に連れ出すことにした。人気は上々である。布の袋のなかに入っている時は頭を下にしている。あまり長い時間、人が触るとさすがにくたびれた様子。これからなるべく触れ合うチャンスを作るつもり。

10月7日(木)

ゾウはおとなしい動物のように見えるが、飼育係にとっては一番事故の多い動物。私も昔のことになるが、同僚を殺された経験がある。十数年前からこれではいけないとゾウに関する情報交換と研究のために年に1度「ゾウ会議」を行っている。今年は、各方面から注目されている北海道の旭山動物園での開催で、参加してきた。今年は、神戸の王子動物園で、日本で初めてアジアゾウの子どもが生まれたので、その報告などを聞くことができた。

10月9日(土)

今年は台風の当たり年。台風が来ると、心配なのは園内のあちこちで樹木が折れること。開園して45年も経っていると樹木も老齢化して、枝など弱くなっている。はっきり折れて落ちくれればいいが、中途半端に枝などに引っかかっていると、何日か経って何かの拍子に落ちてくることがある。そこで、台風が過ぎると園内の樹木を見て回る。

レッサーパンダの子どもたちを初公開する予定だったが、これも台風で延期。

10月10日(日)

チンパンジーのペコ、10円玉をもらって自販機に入れた格好をして、ボタンを押していかにも出ないと演技。ほかのピーチなどはしっかりだまされてあきらめる。みんながいなくなったら、おもむろに口から10円玉を出して、余裕で購入。名づけてペコだまし。

10月11日(日)

トラの子は、どんどん大きくなって、目もかなりしっかりと見えるようになったので、今日公開することにした。朝9時半に、放飼場に出るところを見に行く。母親のアシリがまず登場、後ろを振り向いても子はついてこない。何度か出てくるのを促しているうちに、扉の影からそろそろ、おっかなびっくりで出てくる。そのうちだんだん大胆になってきて、下の方に降りてくる。アシリは、子どもが下に降りてくると、危険を感じるのか口でくわえて、草陰に戻す。こうしたことを何度も繰り返していた。その度に、お客さんからはどよめきが起きていた。

10月25日(月)

今日は、多摩動物公園にコアラが来てから、20周年の記念日。朝から、セレモニーを行う。今回の特徴は、コアラを外に出して臨時の展示をしたこと。あまり外には慣れていないオスのヒカルをコアラ前の広場で皆さんにお披露目した。近いところで見てもらうので、少し心配だったが、前日まで外に出す訓練をしていたせいか、いつもと同じ反応。人気も上々、一安心である。これから一週間、コアラフェアーを行う。

10月28日(木)

2羽目のヤシオウムが入ったので、見に行ってみた。ヤシオウムは奇怪な鳥である。頭も上の冠羽もさることながら、嘴の間から舌がはっきりと見える。この嘴を巧みに使って、椰子の外皮を引きちぎり、取り出した実を割るのだが、上下の嘴とその間の部分が、ちょうど缶きりと同じような役割を果たすようだ。

そういえば昆虫館にはヤシガニがいる。こちらの方は、椰子の木に登り、カニの鋏《はさみ》を使ってチョッキンと切り落とすのはいいが、どうやって食べるのだろうか。何とか椰子の実を手に入れて、食べさせてみたい。

10月30日(土)

急に寒さが襲ってきた。寒さがきらいな種類の動物には変化が現れた。チンパンジーには風邪引きが多くなってきたので、夜具を出すことにした。チーターも下痢をしたり、体をなめあっているのが出てきたので、暖房のある部屋に入れるなど寒さ対策の工夫をしていく。

10月31日(日)

チンパンジーの放飼場は、かれらが好き勝手にやっていると植物がなくなって殺風景になってしまう。そこで植物を保護するために、電気柵内を設置してチンパンジーが入れないようにしてある場所がある。ところが午後ボランティアの方から電柵内に7~8頭が入っているという連絡があった。一部電線が切れていてそこから侵入したようだ。みんなが面白がって枝を追ったり、実を摘んだりしている。トゲのあるカラタチでも、トゲを避けて巧妙に枝を折っている。

11月1日(月)

シカがヒューと鳴いていた。奥山に紅葉ふみわけ鳴く鹿の、という和歌を思い出して、少し感傷的な気分になっていたら、山羊がメェーと反応したので、興ざめ。

11月3日(水)

新しく来園したチンパンジーのカナコを群れに入れるために、オスのラッキーと同居。新しいメスはまずオスと仲良しにして、それからだんだんと群れに慣らしていく。今日は手始めであるが、何事もなくすごしていた。カナコも挨拶などして無事である。このままいけばいいが。

11月8日(月)

ハキリアリのオスの幼虫が蛹《さなぎ》になった。先日、女王アリは2~3百匹ほど生まれたが、オスが発生する様子が見られなかった。オスはどうやって出てくるのかと思っていたら、大きな幼虫の一部が蛹になった。これはオスである。メスの方は巨大な羽が生えていて、ほかのアリと比べても100倍くらいはあるが、オスの蛹はそれほど大きくなく、15ミリ程度。この蛹、普通の蛹と違っていて、裸のままで蛹になる。だから外から見ても形が分かる。兵隊アリとも違って顎《あご》が大きくない。オスとメスは飛び立って空中で交尾するのが普通のアリの行動パターンなので、円柱のような設備をセットしてやってみようということになっている。これ以外にも通常のアリとハキリアリがどういう違いを見せるのか、全く同じなのか、あまり観察例がないので、興味津々である。

11月16日(火)

11月28日に障害者のための乗馬会を開くことで打ち合わせ。障害者乗馬を進めている団体と協力して、園内の広場で行う。動物園では初めてのことである。園内では野生動物を飼っているし、馬も飼っているので、共通する病原菌などが移らないようにしなければならない。

使う馬は、木曾馬《きそうま》といって伝統的な日本馬である。もともと農耕馬であるが、時代とともに使役の需要がなくなってきているので保存するのも大変。そこで、社会的公益的な需要に応えていくとともに保存していく方向をとっているらしい。引き馬といって一般の人も乗れるような催しもある。

11月18日(木)

多摩動物公園の所属する東京都には、毎年、顕著な功績のあった職員を表彰する制度がある。今年は、多摩のハキリアリの飼育・展示とグローワームの累代飼育が対象になった。ハキリアリの飼育は世界でも初めてだし、グローワームの方は日本初である。知事から表彰状を貰ったのだが、担当のKさんに手渡される時、「ところで、害虫か益虫か」と聞かれた。そういえば、最近はあまり害虫か否かという質問をされなくなった。虫に対する考え方が変わってきているのだろうか。知事は旧いタイプの人なのだ。

11月23日(火)

本日、今年生まれのトラの命名式。今年活躍した運動選手ということで募集したら、圧倒的に「イチロー」であった。イチロー事務所に了解をとりつけたところ快諾してくれたので、そのまま採用ということになった。ちなみに第二位は、ヒデキ。昨年の子どもは、センイチである。トラの展示場の前で命名者の代表の方に来ていただいてお礼をした。狭いところなので、びっしり詰まって動けなくなってしまい、うれしい悲鳴である。

11月28日(日)

レッサーパンダのブーブーとキタロウが広い放飼場でじゃれあっている。かなりきつそうなパンチなどをあびせる。餌の竹など見向きもしない。ガラスの放飼場では、今年生まれのカグヤが、見ているすぐ前でぼっとんと大きな黄土色の糞。レッサーパンダは竹も食べるが、どちらかといえば果実や野菜も食べるし、煮干しなども食べるので、糞も消化された状態で出てくる。この辺がジャイアントパンダと少し違う。全体によく動くので、お客さんも楽しそう。

動物園内で障害者のための乗馬会を開催した。多摩では乗馬用の馬は飼育していないから馬は外から持ってきてもらった。10人ほどの障害者の方が乗馬したのと、合わせて引き馬も実施したが、こちらの方は３００人くらいの子どもさんに乗ってもらうことができた。天気もよく、盛会であった。おそらく園内での乗馬会は全国の動物園でも初めてだろう。当日は多数のボランティアも駆けつけてくれた。

12月2日(木)

カブトムシは人気のある虫だから、何か昆虫に関係する催しには最適。そこで、裏山の一部に腐葉土を置いて、野外で生育させている。ところが、その

腐葉土の塚が掘り荒らされている。カブトムシの幼虫もほとんど全滅。現場検証をしたところ荒らし方からしてどうも犯人はタヌキらしい。周りに柵をつくるのも大げさなので、困った。

タヌキのいたずらには実績がある。ツルの柵には、タヌキよけの防御板がはってあるし、鳥類の柵は、全てタヌキの侵入を意識してそれなりの措置がしてある。それでも鳥の卵や雛が襲われるケースはあとを絶たない。園内に野生動物が生息している環境というのはいいものだが、良いことずくめというわけにもいかない。

12月5日(月)

フラミンゴのケージに、柵を設けてフサホロホロチョウを同居させている。あまり目立たないので、実験的に柵から出してフラミンゴと一緒にした。始めはきょろきょろしていたが、どうやらうまく行きそう。

でも翌日行ってみると、元の柵内に戻っていた。やはり他人のテリトリーでは落ちつかないのか、それとも追い出されたのか。簡単にはいかない。

12月15日(水)

今日はサル山のニホンザルの一斉捕獲の日。毎年年末に1度行う。飼育係の半数くらいがサル山前に集合。手に手に棒などを持って集まる。棒を持ったからといって打ち据えるためではなく、単に追い込むための小道具。寝部屋をあけておいてそこに追い込むのだが、サルたちも分かっているのか、ほぼ1分で、全頭収容。部屋では、3〜4頭ずつ捕まえて怪我や異常のある個体を治療したり、ツベルクリン反応をみたり、必要ならワクチンを打つなどの予防行為を行う。また、今年生まれの子どもにマイクロチップを入れる。3時間くらいで終了。

2005年1月1日(土)

大晦日に大雪。本日快晴。明日から開園だが、

▲レッサーパンダのカグヤ　▼サイ

園内全て雪で埋まっている。飼育の仕事を午前中で終わって午後から除雪。除雪業者さんも、さすがに「元日はご勘弁を」というわけで出勤している職員だけで取りかかる。なにしろ総面積で50ヘクタールを超える園内。主要なところ、日陰で凍りそうな場所、除雪車が入れないところを重点にほぼ3時間。暗くなるまで作業した。久しぶりの肉体労働で腰と腕が痛い。

1月2日(日)

今日から開園。新年の催しが一杯あるが、とりあえずお客さんが滑らないようにするのが第一。またまた除雪である。今日は、人が沢山いるので、園内を回ってあぶないところをチェックするのを重点にした。幸いに今日も快晴なので、雪も早く解けることを期待しよう。

バクが雪のなかを走り回っている。木の枝を食べたり、水のなかに入るなどウロウロすること20分。ようやく落ち着いた。

1月4日(火)

正月からしきりにユキヒョウが交尾をしている。ユキヒョウは、多摩にいる多くの動物のなかでもごくごく稀少な種である。特に、カザフスタンの大統領から贈られたオスのシンギスは、野生で捕獲した個体なので、血統的に極めて貴重である。来園当初は3歳くらいということで説明されていたのだが、いろいろ調べてみるとどうも10歳は超えている。ユキヒョウの寿命は10数歳なので、残された時間があまりない。そこで多くのメスに合わせることを計画して、国の内外に照会してメスの募集をしているところである。その矢先の交尾だからうれしい。

1月8日(土)

エミューのメスが落ち着かない。隣のトナカイとの間のネットの辺りをウロウロしている。この時期、産卵の可能性があるので、注意である。

1月9日(日)

やはりエミューが産卵していた。落ち葉の間に卵があった。さて抱卵するだろうか。

　オランウータンのオス・キューが風邪を引いて、鼻から鼻水をたらしている。いつも固型飼料のペレットなどを入れる袋を与えているが、その袋をちぎって何と紙で鼻をチーンとかむではないか。

1月16日(日)

　本日、イヌワシの青梅・小町ペアが営巣を始めた。オス・青梅とメス・小町とはイヌワシの名前。このペア毎年安定して産卵しているので今年も期待できる。正式にはニホンイヌワシといって、アジアに生息するイヌワシの亜種であり、プロ野球に発足した楽天イーグルズのマスコットの動物である。ニホンイヌワシの国内での個体数が減少しており、野生での繁殖の促進のためにプロジェクトを組んで自然での個体数の回復を目指しているが、並行して動物園内での個体数を増やして、場合によっては動物園で生まれた雛や卵を野生個体に預けることも検討している。ひょっとすると青梅・小町ペアの子どもが役に立つかもしれない。

1月18日(火)

　カモシカ運動場に丸太の切ったのを置き、そこに木の枝をセットしている。少し高いところの枝を食べるので、カモシカが背伸びして大きく見える。カモシカはかつて幻の動物とされたが、最近では西多摩の山で、我々でも見られるようになった。でもほとんどの人は見たことがないだろう。いつ見ても美しい。朝、木の枝をセットするというのを聞いて写真を撮ろうと思ったら、打ち合せになってしまい、11時に行ったら、もう食べた後であった。残念ながら写真は平地のものになってしまった。

1月22日(土)

先々週ユキヒョウのシンギスとミユキが交尾しているとお知らせしたが、ミユキの発情が終わったので、マユと同居を試みたところ何と本日交尾を始めた。これは二重の喜びになるかもしれない。

オオカミに牛骨を入れてみたところ、オスのロボが独占してしまい、メスに食べさせない。食べ物のことになるとオオカミは厳しい世界に生きている。その後、ロボがメスのモロをしきりに追いかけ、上に乗ろうとする。交尾行動なのか、餌をめぐる支配欲の現われか、今後の推移を見る必要がある。

1月23日(日)

トラの子アシリ、イチロー親子の遊び道具にダンボールを入れたところ、イチローが怯えている。何が怖いのか分からないが、ともかく撤去。大きくて四角いのが不安感を呼ぶのだろうか。怖いという認識が出てくる年頃なのであろうか。

1月27日(木)

トラのイチローにタイヤを吊るすと怖がる。先週、四角いのを入れて怖がったが、形に関係なく大きいのは威圧感があるようだ。

1月28日(金)

ワラビーのメス・メイの子どもが袋から出てきた。他にも2頭、袋内に子どもがいるのが確認されているが、メイの子が一番で出てきた。あちこち動き回って、親の袋になかなか戻らないので、心配したが、夕方には戻っていた。コアラやワラビーなど有袋類は、袋から体が完全に出た日を出産日とするのがならいとなっているので、今日が誕生日になる。

鳥たちの繁殖シーズンが始まった。コウノトリの1ペアが巣材を集めていると思ったら、もう産卵して、卵を抱いている。他のペアにも巣材を提供。今年は何ペアが繁殖するか。

コウノトリの仲間で黒い色のナベコウも抱卵を

始めた。フラミンゴも巣作りを始めている。そういえば、園内のサル山裏の森にいる野生のアオサギも、数えられないほど巣を作って、抱卵している。産卵ラッシュである。

**1月29日(土)**

オオカミやオランウータンにフルートを聞かせるとどうなるか、演奏家が試させてもらいたいというので実験してみることにした。うまくいけば、遠吠えが聞けるかとわずかな期待をしたが、オオカミは全く反応せず。オランウータンのところでは、オスのキューが、フルート奏者の女性を見て大騒ぎ。メスのジプシーはうっとりと聞いているように見えたのだが。

調子に乗っていろいろ実験。オスのボルネオはハーモニカを懸命に吹く。チャッピーとポピーは人が気になるようで、せわしなく動き回っていた。それぞれが全部違う反応をするのが面白い。

**1月31日(月)**

ゴールデンターキンのメス、ホーラ死亡。しばらく前から、食が細く、やせ気味だったので、消化しやすい飼料を与えていたのだが、残念である。口を開いてみたら、臼歯がボロボロになっていた。草食獣は臼歯がだめになっては、生きていけない。口もあけないので、なかなか分からないのである。

**2月3日(木)**

ちびっ子チンパンジーのベリーとモコがレスリング。少し激しすぎたのか、モコのお姉さんのチコがベリーにちょっかいを出す。それを見て、ベリーのお姉さんチェリーも加勢。

**2月14日(月)**

子ゾウのマオももう2歳半。本日から、アフリカゾウのマオと他のメスとの同居に向けて、見合い作戦開始。最終目的は、親子を分けて、マオの

独立を促すことにある。そのため、4頭いるメスのうち、親を除く3頭と親子とで、柵ごしの見合いを始める。当分、オスは1頭で展示。

親子と同居していたメスのチーキは、他のメスとの間の緩衝役のつもりか、他のメスを近づけない。ひょっとすると嫉妬かもしれない。

**2月15日(火)**

トラの子の耳が垂れている。何かにぶつけたかしてようだ。入院させて検査すると案の定、内出血して、血がたまっている。16日、手術。ネコ科の親子は、いったん離してしまうと戻す時に親子の認識が薄れてしまって危険がある。時間が経てば経つほど危ないので、すぐに戻さねばならない。そこで17日に親子の同居を再開するが、親はちょっとびっくりしていたが、すぐに安定した。何となくぎこちない関係のようだが、危険はなさそうなので、一安心である。

しばらくして子のイチロー活発となるが、母親のアシリは前のようには反応しない。

本日もゾウの同居作戦継続。アコが、親子と柵ごしに鼻で握手してやや興奮気味、突然、チーキがアコの尻をキバで突いて怪我をさせてしまった。しばらく見合いは停止せざるをえない。

**2月18日(金)**

名古屋から来たユキヒョウのメス・ユキとシンギスの同居を始める。最初はシンギスに対してうなっていたが、しばらくして交尾を始めた。まことにあっけない。ただ、放飼場の人から見えるところでは、交尾を避けている。暗いところがいいのだろう。

**2月20日(日)**

イヌワシの阿賀野と小梅のペア、第一卵産卵、メスが抱卵しているが、オスの抱卵が見られない。このペア、両者とも動物園生まれで、最初の産卵なので、ちゃんと子育てができるか心配である。23日、第2卵を産卵。

3月6日(日)

ワラビーのレモンの袋に赤ちゃんがいる。ところがまだ小さいのに袋から出てしまった。赤ちゃんは毛もぽよぽよで、足元もおぼつかない。レモンは初産でまだ子育てになれていないので、赤ちゃんを戻すのは無理。強制的に袋に戻しても、袋が開き気味になっているので、また同じことになりそう。そこで、袋の端を少し縫ってしまおうと獣医さんが発案。縫合手術を試みる。赤ちゃんを袋に戻して、夕方には落ち着いていた。

3月8日(火)

チンパンジーの放飼場の脇には、キッズルームがある。これは子どもたちが大人にいじめられた時に避難するための部屋。入り口を狭くして大人が入れないようにしてある。そこで5才になるチンプ・ベリー、食べるのとUFOキャッチャー用の道具に与えたネズミモチの枝を、すばやく抱え込み、キッズルームに入ることに成功してしまった。一同唖然としたが、キッズルームに入られては手も足もでない。智恵もだんだん働くようになる。

3月9日(水)

今年、1月にチンパンジーのマリナが子どもを出産。3月19日の初公開に備えて休園日に大放飼場に出る訓練。19日からは名前も公募することになっている。このマリナには苦労させられた。3年前、九州から多摩に来たのだが、甘やかされて育ったせいか挨拶もできない。群れのメンバーから総すかんを食らっていじめられた。やっとのことで、オスに守ってもらえるようになり、群れに入る。群れのメンバーから追いかけられ、いじめられた。その内、挨拶も不十分ながらできるようになった矢先に妊娠したのだから、飼育担当の喜びもひとしおである。もっとも生まれたら生まれたで、子育てがうまくできるかどうか、不安から

解放されるわけではない。

3月11日(金)

最近あまりオオカミを見ないので、見に行く。オオカミのメス、モロのお腹が最近少し大きい。交尾を観察していないが、ひょっとすると、などと期待してしまうが、あまり期待しない方がいいだろう。ただ、準備だけはしておく。

3月13日(日)

22歳で大往生したタムタムのお別れ会を開く。普通、死んだ動物の慰霊は、年に1度慰霊祭を行うことになっているが、お客さんの要望も多く、タムタムは特別ということで実施することにした。当日、担当のKさんが弔辞を読む。参加者は２８０名と盛会。

3月15日(火)

サポーター制度の寄付金で、ライオンに馬のあばら骨を与えてみる。メスのブワナは、肉しか食べない。残った骨に小さなアミがかぶりついていた。牛骨を食べるのと違って、まるごとボリボリ齧って、壮観である。さすがライオン、チーターだとこうはいかない。

3月19日(土)

本日マリナ親子を放飼場で初公開。トラブルに巻きこまれるのではないかと心配だ。なにしろマリナはわがままで、挨拶もできなかったくらいだからだ。やっと子どもを生める程度まで群れに慣れてきた。でもサザエやナナなど他のメスたちとグルーミングして平和である。赤ちゃんは大事そうにおなかの下に隠している。気のせいかもしれないが、子どもができてから、他の個体に対して丁寧な態度になってきているような気がする。

3月23日(水)

オランウータンを新しい動物舎に移動。麻酔など使いたくない。朝の10時半に南園職員が総動員で開始。2頭のオスは別々に、メス2頭と子どもは一緒に、合計3回輸送箱にいれての移動である。みんな、すんなりと箱に入る。新しい動物舎に移って、オスのキューは部屋のなかを総ざらえ。格子やボルト、あらゆる出っ張りをチェックしていた。何しろ指が器用で力が強い。少しでも緩みがあったりするとたちどころに開けてしまう。一晩心配である。

3月24日(木)

コウノトリ2羽の雛が孵化しているのを確認。さあこれからは繁殖のシーズンである。

ユキヒョウの運動場に玉砂利を入れる。これもサポーターからの寄付。これからもいろいろと生活環境の整備をしていくつもり。

トラとオオカミの耐震工事が終了して、前と同じように展示再開。落ち着いている。

3月27日(日)

ロバのコミミの尻尾が切れている。モウコノウマと同居していて、これまで何でもなかったのだが、かじられたのだろうか。

3月28日(月)

ユキヒョウに漁業用のブイを入れて吊るしておいた。メスのマユは突っかかっていくが、ブイが回転してしまうので、マユもくるりっと一回転してしまう。こういった小道具は、ほとんどサポーターの寄付によるもの。ユキヒョウには他に、赤玉土とか砂利とか牛骨とかいろいろ買って、生活環境を改善している。

3月29日(火)

チンパンジーの運動場に大小2個の銅鑼《どら》を設置。何で銅鑼なんてと思われるかもしれないが、チンパンジー社会には序列があって、いつも上位を狙っている。その手段にはいろいろあるが、大

きな音を立てる能力を示すこともどの一つ。銅鑼を入れて、それを鳴らすことができれば、序列に変化が起きるかもしれない。オスのラッキーがおっかなびっくり蹴りをいれるが迫力はいまいち。いつ本気になって鳴らすか楽しみである。

3月30日(水)

コアラのメス・アヤに発情兆候が見られたので、オスのコウと同居させた。ところが、アヤはコウを威嚇《いかく》して追いまわす。コウも逃げ回って、どうにもならない。コウは軟弱な性格ではないのだが、アヤはそれ以上に気が強い。見ていた担当者一同は嘆息しきり。

4月2日(土)

午後から30分ほどアフリカゾウの子どもマオの訓練を始めることにした。親といつも一緒にしておくとコントロールできなくなってしまう可能性がある。けれどもすでに1t《トン》を越える体重なので、まともに当たられたら事故のもとである。そこで係長が交代で監視役を務めることにした。何かあったときの補助役も果たす。

4月11日(月)

この時期の景色は最高である。日に日に淡い緑の色模様が天蓋《てんがい》を覆っていく様を見ていると、多摩に勤務してよかったという気持でいっぱいになる。

春はまた、鹿の仲間たちにも変化が訪れる。シフゾウのオス、マックの角が大きくなり、真っ黒な柔らかい角が破れて、硬い角が出てくる季節でもある。柔らかい角の時期にはおとなしかったシフゾウも、これからは気が荒くなる交尾の季節。トナカイのオスも同じで、秋に落角するまで、危険な時期である。

4月12日(火)

ユキヒョウの前にいたらお客さんに、メスのユキのおなかが膨らんでいるのではないかと尋ねら

れた。ウーム。そう見れば、少し大きいか？　ヒイキ目で見るとそうなのかもしれないが、何しろ期待しているから大きく見えるのかな。

オオカミの子どもが生まれるのに備えて準備をした、などと、以前、半分冗談で報告したが、本当に生まれてしまった。それも5頭。

今日から、寝部屋と運動場の出入りを自由にした。運が良ければ、親が赤ちゃんをくわえて出てくるところが見られる。

4月13日(水)

本日、オランウータン舎の放飼場に初めて動物を出した。最初に動物を出すときは、何が起こるか分からないので、飼育課の職員がほぼ総出で周囲を警戒。当のオランウータンたちはといえば、それを尻目に悠々と遊んでいる。これでいいのだ。これから4月28日のオープンに向けて、本格的な準備の始まりである。

4月14日(木)

ツル柵という呼称で、ツルやガンカモを放している屋外のスペースに、新しい給餌器を作ってみた。屋根で覆い、側面は三方ガラス張り。空いている一面にも鉛化ビニール製の柵が作るなどしてあるため、首の長い動物でなくては餌にありつけない仕掛け。カラスに餌を取られない上、餌を食べている時の嘴の様子がガラス越しによく分かるのがミソだ。担当のT君のアイデアで、これもサポーター資金を使って作った。こういう細かいところの配慮は、実はすごく大切なことなのだ。

4月15日(金)

オオカミの赤ちゃんたちの体重測定をする。おおむね2kgくらいである。歩行もしっかりしてきた。夕方、子どもが寝部屋と観覧通路の間の壕に落ちるとの連絡があったが、無事であった。柵の隙間から出てしまったようだ。何しろ5頭もいるから親も大変である。

4月20日(水)

4月28日のオープンに向けて最後の休園日である。3月末に終了した工事の手直しやら何やらで、今日が使い初め。オランウータンのオス・キューを第一タワーに出す。あいにくの雨で、キューは少しタワーに登ったが、雨を避けるためか台の下にもぐりこんでしまった。一番天辺《てっぺん》に行って渡るのはお預け。

4月24日(日)

カモシカの給餌台《きゅうじ》が新しくなる。今度のは擬岩製で半永久的に使える。高さもさらに高くなった。まだ慣れないせいか、回りをウロウロして、しばらくするとうずくまってしまった。

4月28日(木)

本日はオランウータンの新施設のオープンの日である。昨日まで、オランたちはタワーには登るが、まだ渡るにはいたっていない。今日は、来賓《らいひん》も含めて沢山のお客さんが来ているので、何とかロープを渡ってもらいたいと思い、一番活発なポピーを中心に、チャッピーとジプシーの3代・3頭に登場してもらった。最初のうちは、タワーの天辺で静かにしていて、昼になったので、飼育の担当者を始め小休止する。するとみんながいなくなった時にロープ3歩ほど渡り始めた。下からは、どっと歓声が上がったが、その声を聞いてさっと戻ってしまった。やはりポピーが最初に行くという予想は当たったが、まだ怖いらしい。

5月1日(日)

モウコノウマをより近くから見てもらおうと改良を加えた。早速、サーシャとエーコの母子を運動場に出してみる。いきなり走り出したのにはびっくり。その後も落ち着かない様子である。直線的に走られると柵に衝突してしまうから、競馬場のように円形のパドックにするために応急的にロープを張る。

5月2日(月)

ヨーロッパフラミンゴが産卵している。台状の塚を作ってその上で卵を温める。しかしどうも変な個体がいる。嘴の色が違うのである。コフラミンゴではないか。大きなヨーロッパフラミンゴの群れに挟まって、堂々と卵を抱いている。しかも1羽しかいない。オスらしき個体の姿が見えない。この両者の区別は比較的簡単である。嘴の先だけが赤いのがヨーロッパで、嘴の目元から赤いのがコフラミンゴで、立ち上がれば大きさの違いも分かる。多摩動物公園では、ヨーロッパが優勢であるから、コフラミンゴが生まれるのはまれである。これは面白くなってきたと思って、担当のTさんに聞いたら、無精卵なのだそうだ。少しがっかり。

5月3日(火)

今年の連休の最初の日。天気も良好。園内の様子を見て回る。サバンナでは、盛り上げた土の山の一番上に2頭のキリンが山登り。高いところが好きなのか。

5月5日(木)

バクのプールに潜水性のホオジロガモを同居させてみる。そこにドジョウやクチボソなど小さな魚を放したら、潜って食べていた。試みは成功だが、すぐに食べてしまうので、瞬間芸になってしまった。さらに工夫が必要である。

今日は、入園者数が5万人を超えた、久しぶりの盛況である。

5月10日(火)

チンパンジーのチコ、タワーにある台の上にベッドを作り始めた。たまにやるらしいが木の枝などを集めて積み上げている。残念ながらお客さんの視線からは見えない。

4歳のモコ、UFOキャッチャーでりんごを獲得して喜んでいたら、オスのケンタに取られてしまい腹を立てる。チンパンジーはあまり他の個体がとった獲物を横取りしないものだが。モコは八つ当たりをして回りの個体に突っかかっていった。

**5月19日(木)**

新しくなったオランウータン舎の一角でマレーグマが大活躍である。マレーグマは、クマの仲間では最小の種であり、ほとんど植物食といってよいが、昆虫となると話は別で大好きである。そこで昆虫飼育係にトノサマバッタを増産してもらい、餌として給与したらなんと大興奮。さらに丸太を入れたら器用な手を使って完全に破壊してしまった。運動場を穴だらけにしたり、入れる材料をことごとく遊びの対象として壊しまくっている。

**5月25日(水)**

ターキンの子ども・オーキが壁に挑戦している。堀へ下る急斜面、壁へ登る崖上を上り下りしている。危なっかしい足取りで冷や冷やさせられるが、親の方もあまり気にしない。

**5月30日(月)**

オオカミの親子関係に変化の兆しが見えている。オスがあまり子育てに参加しなくなってきたのだ。その代わり、子どもをしかるような行為が目立つようになってきた。子どもが寄ってきても少し邪険にすることが多くなっている。親離れが近いのであろうか。

そこでオオカミの親に肉を与えることにした。通常は、夜になって寝部屋で与えるのだが、開園時間内にあげて見ると、子どもたちは、父親の口の周りにまとわりつく。すると父親は食べた肉を吐き戻して、子どもたちに与えていた。

**5月31日(火)**

ダムサイトに流れ着いた流木を分けていただけるという話があって、調布の集積場に取りに行く。流木は、長い時間をかけて川の上流から下流に流されて行く過程のなかで、柔らかい組織が消えて、硬い細胞壁だけが残っているのが特徴。雰囲気もすごく良いので大歓迎である。これから、いろいろな動物舎のなかに入れてみよう。

**6月2日(木)**

予定していた会議が中止になったので、今日は朝から園内巡回。一番奥のターキンのところで、ターキンの崖登りを見て、レッサーパンダが藪に潜るところを観察。ユキヒョウも元気かななどと覗いていたら、崖の上から声がする。普及指導係のSさんが何やら呼んでいる。ポピーが渡っている。衰えた脚で坂を駆け上ると、何と第一タワーと第二タワーの間にポピーがぶら下がっているではないか。早速カメラ。ものの10秒と経たない内に、第二タワーに到着した。やったね、と思わず叫んでしまった。

4月28日にオープンして、誰もスカイウォークを渡ってくれない。そこで、ロープの状況が悪いのかもしれないと考え、第一と第二タワーの間に3本、第二と第三の間に1本布製の補助ロープをつけて実験することにした。どうしたら渡る誘導要因になるのか。オスのボルネオはタワーの上に登って観察。それではと、子どものポピーと母親チャッピー、その母＝おばあさんのジプシーの3頭出してみた。それが5月28日。ポピーはしきりに補助ロープを試しているが、周りの母親とおばあちゃんはやめろというしぐさをしている。

とうとう、28日は何もなし。それからまたボルネオを何日か出して、どうもうまくいかないことが分かったので、今日は再び3頭で挑戦したわけである。

第二タワーに到着したポピーは、補助ロープ1本しかない第三タワーへの道をたどり始めた。この間、わずかに2~3分。すぐに第三に行ってしまった。まことにあっけない結果である。

ところが進展はこれからであった。ポピーはなんと補助ロープなしの第四タワーへの道を進み始めた。これまで、両手と両足を使って、その内３本がロープに触れていた。補助ロープがないと、完全に両腕だけで進むことになるのだが、全く意に介さない。安全性に確信を持ったようである。第四タワーに着いたところで、ポピーは後ろを振り向いて、そこでストップ。これまでも、冒険心と親のコントロールの中間にいるのがポピーだから当然である。その時、母親チャッピーは、おばあちゃんと一緒に大地タワーの上で逡巡していた。10分くらい経っただろうか。チャッピーはおもむろに、ロープを握り、第一歩を歩み始めた。小さな子どもが渡ったのを保護しなければならないと考えたか、大丈夫と確信したのか、両方かもしれないが。それからは急転直下であった。チャッピーは、どんどん進んで、最後の第九タワーまで直進してしまった。全く今までの心配はナンだったのか。最後のところでチャッピーは、後ろを振り返ると誰もいないので、今後は反転して戻り始めた。ポピーのところまで戻るとチャッピーは親子でくつろぎ始めた。

今日はここまでか。しかし今度はジプシーが動き始めた。２頭の後を追いかけ始めたのである。その差２タワー。それにつられるように２頭は先に進む。ゆっくりとではあるが、ジプシーも追いかける。３頭が順番に飛び地に到着してしまった。11時10分。自然樹林に到達した３頭はまさにやりたい放題である。だがジプシーは夕方になっても、もとの寝部屋には戻らない。

**6月3日(金)**

マリナの子アンナが親の脚にしがみついている。普通は、おなかのところで抱かれて移動するのが普通だが、こういうのも珍しい。外敵から防ぐ必要がないとこういうことになることがあるのかもしれない。

**6月16日(木)**

昨日まで飛び地に渡ってそのまま帰れなくなっ

▲▼オランウータン。下がジプシー。

ていたおばちゃんのジプシーのために、新しく補助ロープを設置。朝から雨だが親子ですぐに飛び地まで渡っていく。夕方、寝部屋に帰るために呼ぶと、2頭はすぐに帰って行ったが、ジプシーは動かない。そういえば、新しくつけたロープを見ていないようだ。しばらくしてさらに呼ぶと、鉄塔の近くにやって来て、すぐに補助ロープがついているのが分かったようだ。すぐにロープにとりついておもむろに渡り始めた。ゆっくり、ゆっくり、着実に。先に渡った親子は、第一放飼場のやぐらの上でまんじりともせず、おばあちゃんが渡って来るのを見ている。まるでがんばれ、がんばれといった様子である。しばらくして3頭は合流。久しぶりの第一放飼場での再開である。ジプシーはさすがに嬉しそうであった。

6月22日(水)

5頭の子どもたちの体重測定をする。一番大きいオスのゾロが1万700gで小さいのが7900gと随分差がある。日ごろからけっこう食事の奪い合いをしているので、これだけ差が出るのだろう。ゾロの一人勝ちである。

6月23日(木)

先日、モグラの担当であるKさんが、朝霧高原でコウベモグラを捕獲してきた。最初はミミズだけしか食べないで、それも大食漢だから園内のミミズ集めが大変である。全職員におふれを出してミミズの生息場所と捕獲を頼んでいる。でもだんだん代用食の豚のハツを与えているが、少しずつ食べるようになってきている。

6月25日(土)

レッサーパンダが広い放飼場の小さな木に登って竹の葉を食べていた。最近では、あちこちに竹をおいて食べさせているが、どこにおいても食べるようになってきている。

6月29日(水)

キリン唯一のオス・フジタも4歳半ばになり、体格も大人のメスと同じくらいになってきた。そろそろ繁殖が可能なころである。今日もメスのユメの後を追尾行動。でもまだマウントはできない。もう少し待たなければなるまい。

6月30日(木)

オランウータンの補助ロープが垂れてしまっている。先日も縛り直してもらった。今日は朝から雨であるが、ロープがピンと張った状態である。どうも暑くなるとたわみ、水を含むと締まるようだ。午前11時過ぎに雨がやんだので、オランウータンも出勤、水に濡れていても、締まっているからやや安心。おばあちゃんのジプシーがゆっくり渡るので、孫のポピーは迎えに行く。ところが、あまりゆっくりのせいだろうか、ポピーが綱渡りしているジプシーのこぶしに噛みつくのである。ジプシーは、ポピーを空中で手を上げてしかりつけている。下で見ている方としては、冷や汗ものである。

7月6日(水)

病気で入院していた2歳半のチンパンジー・ミルが全快したので大放飼場に出す。仲間たちと久しぶりの再会である。最初のうちは、母親のサザエと一緒にくっついていたが、次第に安心してきたのか、タワーやロープで遊び出した。少しふらつくところもあるようだが、一安心である。他のメスたちも何気なく近づいて、そして離れる動作をする。気になっているのだ。

7月7日(木)

1歳になるレッサーパンダのメス・ノアがしきりに木登りをしている。まんなかのやや太い木ではなく、左側の細い木が好きなようだ。駆け上がったり、頭を下にして降りたり、面白そうに遊んでいる。

7月14日(木)

1頭しかいないウォンバットの名はチューバッカー。最近はオーストラリア政府の動物輸出規制が厳しくて相棒を見つけるのが難しい。そのためではないだろうが、年々気難しくなっていくようだ。本日は、鉄の扉をかじり始めた。よほど強く齧ったのか、門歯《もんし》が折れてしまった。餌を食べられなくなったら大変だが、餌は普通に食べる。

7月17日(日)

オランウータンの室内放飼場に消防ホース3本増設。古くなったホースを消防署からいただいてきたもの。オスのキューは早速いたずらを開始して結び目を解き始めた。

7月19日(火)

先月、某雑誌の動物園全国ランキングで第1位になってから、何かと取材が多い。今日も案内しながら園内を回る。ゾウの土山崩しの話をしながら、マオを見ていたら、柵のそばの草をむしっている。柵のそばの草はすぐ食べられてしまうから、残っている草は、ゾウが好きではない草である。どうするのかと思ったら、くるくると鼻先で巻いて、ちょうど人の子が竹トンボを回すようなしぐさをしていた。

久しぶりにライオンバスに乗ると目の前に大きなライオンの顔である。いつも見ているのだが、他の人の視点が入ると、改めて大きいなと思う。全く違った観点から見る人と一緒に動物を見ると新しい視点が開かれて面白い。

7月18日(月)

トラのメス・アシリが子どものイチローを拒否するようになってきた。発情しているのかそろそろ子離れの時期なのか、両方なのかもしれないが、様子を見ている。

7月23日(土)

夕方近く震度4の地震がある。クジャクは直前に一斉に鳴くし、オオカミは全頭、裏側に避難した。オランウータンも興奮気味である。特にチンパンジーは不安になり、オスのラッキーはイライラして格子に蹴りを入れていたが、脚に怪我をしてしまった。

でもキリンとかサーバル、チーター、ライオンは驚かず、影響なし。

動物舎の方は、全く不安はない。

7月25日(月)

オランウータンのキューの部屋にチョウチョウを放してみたが、全然興味を示さず。なぜか部屋の上にカラスの死体を見つけて興奮していた。

7月27日(水)

ひさしぶりにワライカワセミを見に行った。何やらゲジゲジのような虫をくわえている。その体勢のまま笑い鳴きをしていたが、口を開けられないので、全く迫力のない鳴き方になってしまい、思わず笑ってしまった。

7月28日(木)

今日も暑い。シフゾウのメス・アリサがプールにどっぷり、しばらく見ていたが、全く出てくる様子は見えない。2時頃、スカイウォークではポピーが余裕で遊んでいる。脚だけで捉《つか》まるのはあまりしないのだが、最近は4本の手を使って横回転している。瞬間的には1本の脚で捉まっているのだ。何でもありの世界に入ったようだ。

7月30日(土)

サーバルのケージ内にアオダイショウが紛れ込んできた。野生だとこの程度の蛇を食べてしまわないと生きていけないが、じゃれて遊んでいた。もっとも蛇の方からすれば一大事で、遊び終わった後はぐったりとしてすぐには動けない。

8月3日(水)

オランウータンのジプシーがまた大変なことをやってくれた。パックのジュースを与えると、ペットボトルに詰め始めたのである。それからペットボトルを持ってスカイウォークを渡り、飛び地に着いてからは、ゆっくりと楽しむようにして飲み始めた。類人猿が目的をもって道具を使うのはよく知られているが、保存用の容器を持って目的地に移動するのは行動の抽象度が高く、レベルが異なる。まるでピクニックである。

8月7日(日)

本日より世界最小の哺乳類といわれるトウキョウトガリネズミ2頭の展示を開始した。1頭は2gでもう1頭は3gである。やはり小さい。トガリネズミはネズミといってもモグラの仲間で地中に穴を掘り、虫を食べて生活する。多摩では小さなバッタやミミズ、ミールワームを与えているが、バッタを与えるとすぐに見つけて頭からかじる。好物なのだ。

北海道にしか生息していないのになぜ「東京」という名がついたのか。発見したヨーロッパ人が、発見場所のEzoをEdoと誤って記載してしまい、それを日本人が読んで生息場所の確認をしないまま、東京の冠をつけて和名にしてしまったのである。こうした間違いは実はいくつかあるのだが、それを直さないままに現在に到っている。愛敬があっていいかもしれない。

8月10日(水)

チンパンジー舎に遊木を増設してロープを垂らした。より近くからチンパンジーの動きが見られる。

8月15日(月)

ゴールデンターキンのオス・ボウズとメス・ベーベを同居させる。ボウズは積極的だが、ベーベは逃げ回っている。1時間ほど追い回していたが、さすがに疲れた様子である。

8月18日（木）

ゾウのオス・タマオの脚の具合があまりよくない。何しろ7t以上はある、日本最大のゾウである。もともとゾウは大きくなるために無理をしている動物であるから、どうしても脚にかかる負担が大きい。左後肢に傷があってなかなかよくならない。普段の生活には支障がないようであるが、あまり長引くと心配である。投薬と洗浄など治療を続けている。少し減量している。

8月24日（水）

2頭のトガリネズミの体重測定。2.3gと2.9gである。世界最小の哺乳類で、ものの本によると体重2gとはある。さすがに動物園に来ると栄養状態が良いのか、体重が増える。もっとも1日の採食量は、約4gであるから、自分の体重以上の餌を食べていることになる。代謝のスピードがものすごく早いのがこのことでも分かるし、よく動く理由も分かる。

8月25日（木）

マオの母親アイは、台風だというのに土山に挑戦。泥だらけになっていた。泥は体熱を取るし、体表面の虫類を剥がすのにも役立つ。それに気持ちが良さそうである。ともかく大好きなのだ。しばらく遊んでいた。

8月27日（土）

4頭いるメスのユキヒョウのうち、2頭に子どもが生まれていて、今日が初公開の日である。ユキからはメスが2頭、マユからはオス2頭、合計5頭が生まれた。父親は全てシンギス。約3ヶ月の赤ちゃんである。昨年末から繁殖大作戦を展開して来たのだが、大成功。前にも報告したがシンギスの子は、貴重な遺伝子資源でもあるので、世界的な意味で今回の繁殖は朗報になる。かれらが今後、世界のユキヒョウ繁殖の中心になるであろう。シンギスはカザフスタンの大統領からのいただきものなので、オス1頭は大使に命名をお願い

したところ、アクバルという名前になった。残りの4頭の命名をお客さんから募集している。

**8月28日(日)**

ツル柵に設置した餌ケースには、カンナ屑などをまぶしたなかにミールワームという小虫を入れてある。ツルたちが、そのなかに嘴を突っ込んで、探索できるようにするためだ。クロヅルがしきりにかき回しているが、人が急に近づくと逃げてしまう。ゆっくり静かに。

**9月1日(木)**

毎日何かがある。

嘴が折れてしまったので、義嘴をとりつけたオスのコウノトリ、誰が呼んだかジョーロ君。同じ飼育ケージにオスの個体を入れたところ嘴でクラッタリングを始めた。クラッタリングは、嘴をたたきつけるようにして音を出す行為。縄張りや求愛などの時に行うのだが、哀しいことに人工物では音にならない。

**9月3日(土)**

静岡から戻ってきたオランウータンのジュリーさん。目下のところお絵かきに執心である。結構色使いもうまい。なかなか環境に慣れずに展示場に出て来なかったが、このところ安定して放飼場に出て来ている。何かすることがあると落ち着きが出て来るのであろうか、静岡にいた時とは大違いである。一安心である。

ポピーの方は、スカイウォークの脱出防止用の円筒を下に降りようと手がかりを探っていたが、手を伸ばしても下の捉まるところまで2mくらいはあるので、断念。この行動は今まであまりやらなかったので、あきらめているのかと思ったが、やはり関心はあるようだ。

**9月5日(月)**

多摩美術大学の学生たちが、彫刻や彫像、絵画などをホールで展示している。昨年から実施している催しだが結構面白い。ゾウの横の坂を歩いていたら、木にコアラがぶら下がっていたのでびっくり。今年から園内にも取りつけたのを忘れていた。美術の学生さんたちの観察眼は、動物園人の目とはちょっと違ったところについている。観点を変えて動物を見るのはまたいいもんだ。

9月11日(日)

今月から、毎日特別のイベントを実施している。題して「毎日何かが多摩動物公園」。日曜日はマレーグマの竹筒遊び。園内で切った竹の筒に穴を開け、蜂蜜などいろいろなものをつめてあげると、長い舌を差し入れたりして食べる。舌は20センチ以上あって、これは野生では、穴のなかに隠れた虫などを探して食べるのに使うのだというのがよく分かる。

9月12日(月)

今年1月に生まれたチンパンジー・マリナの子アンナが、親から少し離れ、他の子どもとワイヤーに捉まって遊んでいた。マリナも自由に遊ばせているようだ。ただマリナと仲のよくない大人の個体が来ると、警戒する。ともあれ、一緒に遊ぶ子どもがいると親離れも早いのだろう。

9月13日(火)

オランウータン・ジプシーが飛び地からタワーに登ってスカイウォークを戻ろうとして、第三タワーのところでウロウロしている。結局夕方7時、あたりが暗闇になった頃やっと帰宅した。

9月18日(日)

本日、動物愛護週間の功労動物表彰で、オランウータンのチャッピーが、最初にスカイ・ウォークを渡ったことで、受賞した。ご褒美に大好きなマンゴーなどの果物とTシャツをあげる。しばら

くTシャツをいじっていたが、おもむろに腕を通し始めて、ついにちゃんと着ることに成功。なかなか様になっている。

9月19日(月)

本日敬老の日、長寿動物の表彰式。今年の対象は、アフリカゾウのアコとマコで、ともに40歳。初めての試みで、大きな枝を伐採して、2頭にあげることにした。展示中に与えるために、運動場には入れないので、外からロープを使って運動場の淵に立てかけるので苦労した。その甲斐あって、ゾウの鼻の届くところまで持っていったら、おいしそうにバリバリと食べていた。

昆虫生態園でチョウチョウの公開放蝶を行う。蛹から孵《かえ》ったばかりの蝶は、羽も美しく初々しい。生態園のチョウは、一年中同じ種類のチョウを展示しているが、寿命が短いので、こうして頻繁に新しい個体を放しているのだ。

9月20日(火)

マレーバクのリザのおなかが大きい。便も細いし、尿も頻繁に出す。運動場に出すと端の方でうずくまっている。

9月24日(土)

オランウータンがスカイウォークを渡るのを見て、すぐ下にいるユキヒョウが反応しているようだという報告を受けて、1時間ほど観察していたが、全く興味を示さなかった。たまたま鳴いただけか。

9月27日(火)

今年生まれた5頭の子どものなかで、オスのポロの大きさが目立ってきた。このくらい大きくなると簡単に捕まえるわけにはいかないので、体重を量ることはできないが、明らかに2~3割大きい。親が吐き戻した餌を食べる場合、親もあちこちに散らばって吐き戻さないから、強い個体が独占的に食べてしまうことができる。オオカミは食べるというより飲み込むという表現がふさわしいくらいにすばやく食べるので、なおさら食べる量に差ができるのだろう。

9月28日(水)

5歳半になるチンパンジーのベリー、いつの間にか門歯の乳歯が永久歯に生え変わっている。そろそろ大人の仲間入りである。ところで、生え変わった歯はどこに行ったのだろう。あまり見たことがない。幼児がいると分からないように、親が食べてしまう種類の動物がいるが、チンパンジーの親は食べないだろうから、本人が食べるのか。

カモシカの小巻が虫を食べていた。全くの草食性であるとされているが、食べられるものなら別に気にしないのだろう。別に害にはなるまい。

9月29日(木)

本日、22日に生まれたマレーバクの親子を公開する。18年ぶりのウリ坊誕生である。生まれてすぐ立ち上がった。あとは、人が近づいても平気か否かで公開する日を決めるが、親子とも全く動じない。大丈夫と判断して公開に踏み切った。大人の運動場は、柵の間の間隔が広いので、逃げる可能性があり、まさかとは思うがプールで溺れてもいけないので、当面室内展示場だけでお見せする。母親と一緒に並んで寝ているのを見ていると、なんとも可愛いくて、頭と体のバランスが全く違うのが面白い。

10月1日(土)

今年6月に生まれたレッサーパンダのヒマワリを公開した。レッサーパンダの赤ちゃんは胎児のように生まれる。成長は早いが、親が大事に育てるので、皆さんにお見せできるのに時間がかかってしまい、結構大きくなっている。

隣のゴールデンターキンの展示場では、メスのベーベとオスのボウズを同居させているが交尾していた。ターキンは、極めて貴重な種であるが、繁殖可能な個体は日本には多摩にしかいない。口蹄疫などの検疫上の関係で原産地中国から輸入できなくなっている。当面多摩で繁殖させて、検疫体制が変わるのを待っているしかない。

10月4日(火)

チンパンジーのマリナの子アンナとピーチとを初めて一緒に出す。ピーチはメスだが、大人のメスとの折り合いが悪い。マリナともよくないが、モコやミルなど子どもたちにはなつかれている。当然、親のマリナとしては不安なので、ピーチを警戒しながら、他のメスに挨拶している。何かトラブルがあったとき、味方になってもらおうというのであろうか。その後ピーチにも挨拶する。以前に比べてマリナは、かたくなな性格が少し収まって、如才なくなっていたようだ。

10月8日(土)

5頭のユキヒョウ命名式を行う。4頭は公募して、長男(?)は、カザフスタンの大使にアクバルという名をいただいた。アクバルといえば、インドのムガール帝国の王様の名前であるが、命名の趣旨は、「勇敢」といった意味からきているとのこと。カザフがモンゴル帝国の末裔《まつえい》であることを改めて意識させられた。

10月9日(日)

1ヶ月ほど前からレッサーパンダの放飼場の木の間に竹を通しておいた。巡回していたら何とその竹をオスのブーブーが渡っているではないか。おっかなびっくり、腰が引けているようだったが、無事に渡りきった。レッサーパンダは木登り名人であるが、竹は滑るし、特に餌がついているわけではないので、渡るかなと不安だったが結果は大成功。担当のU君に聞くと、滑って落ちたのもいるとのことである。

10月12日(水)

今日はゾウ会議に出席のため、神戸の王子動物園に出張。ゾウ会議は、全国のゾウ飼育者が集まって、飼育方法や危険対策などを話し合うために毎年開かれる。ここで検討されたことが、各園でのゾウ対策に反映されることが多く、その結果、ゾウによる飼育係の事故はほとんどなくなったし、飼育技術も向上してきた。反面、ゾウ以外の猛獣による事故がこのところ増えているのが気にかかる。

10月14日(金)

サル山のサルが騒いでいる。その目線の先には、アオサギの森があるが、木が大きく揺れている。1頭のサルが樹林を渡っている。こういう時、まず最初に頭に浮かぶのは脱出。早速、サル山の動物を数えるが、全部いる。野生のサルだ。驚いた、こんなところまで迷いサルが出て来る。しばらく、サル山を見ていたが、翌日からはもう見えない。どこに行ったたのだろうか。

10月17日(月)

園内に放し飼いしてあるクジャクが、オランウータンの屋外放飼場に入ってしまった。オランは、追い回すことはしないが、近づくといきなり捕まえる可能性がある。逆にびっくりするかもしれない。このままにしておいたらどうなるか、少し興味があるが、捕まえられたらやっぱりかわいそうである。そこで外に追い出した。

このところ、オランにはいろいろな話題がある。静岡から帰ってきたメスのジュリーは、運動場に出るのを渋っていたが、14日には自分で運動場に出てきた。昨日は、ポピーが1頭だけで飛び地の木の上の置いてきぼりになって、オロオロ。母親がタワーに戻って、ベソをかきながら、スカイウォークを渡って帰った。

10月29日(土)

ターキンの親子を見に行くと、子どもがいない。岩陰にいるのかと探していたら、右手の崖のあたりでガサガサ音がする。乗り出して見ると、ほぼ85度と思われる崖を登っている。向かう先は、柵の内側に生えているドクダミの葉。やっとかじれるところまできたが、それ以上は無理なようで、壕に降りてしまった。2、3度繰り返し挑戦していたが、そのうちあきらめていた。あの角度を登れるから、ヒョウなどの敵から逃れることができるのだ。

11月3日(木)

最近雑用が多くなって、園内を見て回る時間が少なくなった。今日は少し時間が空いたので、先日公開したばかりのワラルーを見に行く。ワラルーは有袋目の仲間で、カンガルー型の種類である。カンガルー科の分類は難しいが、一般に大きいのがカンガルーで小さいのがワラビーと呼ばれる。ワラルーはその中間の大きさである。今回来園したのは、そのなかでもケナガワラルーという種である。しかし毛が明らかに長いというわけでもない。

チンパンジーのチェリーが子どもを出産したが、その子ボンボンを本日公開。看板を立てた。当然、お客さんはチェリーをとボンボンに注目するが、そのせいかチェリー落ち着かないようだ。1日中、オスのケンタの近くに居る。オスにはこういう役割がある。

11月4日(金)

ライオンの放飼場には小さな池があるが、メスライオンのランとキアラが中島に渡っていた。誰かに追い出されたのか、夕方には戻っていた。

11月5日(土)

ヒグマにブイと丸太を与えている。ブイには、クマ用のペレットを入れて、ところどころに穴を開けてある。ヒグマのミチは、ブイを一けり、ブイはモートに落ちたが、ミチはおもむろに階段を降りて、終日ブイと遊んでいた。

アフリカゾウの土山は定番になったが、そこに樫の枝を刺しておく。ゾウたちは大喜びでかじりついていた。

11月7日(月)

猛禽舎には大きな滝があって、滝つぼとまではいかないが、下の部分はプールになっているので、イワナを貰ってきて放してみた。オオワシが取りに来ないかと期待している。

11月10日(木)

マレーバクのオス・スリスクの寝部屋の床が剥がれていて、一部がなくなっている。どこに行ったのだろうか。ひょっとしてスリスクが食べたのではないか。食欲は通常どおりだから、あまり心配しないが、合成樹脂など食べるのであろうか。どこを探しても破片は出てこない。

11月12日(土)

10日にマレーバク舎で、どこにいったか分からなくなっていた床材の破片が、今日の糞から出てきた。何でもかじってしまうのも困りものだが、特にバクの体調に変化はないようなので、一安心である。

11月13日(日)

七五三のイベントを実施。主役は3歳のメスゾウ・マオと5歳のオスのオランウータン・ポピーである。残念ながら7歳のメスとなるともう完全に大人になっていてお祝いの対象にはなりにくい。マオとポピーには、サトウキビの千歳飴をあげた。他に、ポピーには羽織と袴（実はTシャツ）をプレゼント。ところがちょっと興味を示したが、すぐ飽きてしまい、結局のところおばあちゃんのジプシーが着て、遊んでいた。

11月16日(水)

園内に今年生まれと思われる野生動物が出没している。タヌキ、オオタカなどが、動物舎の周辺でいたずらを始めているので、柵をチェックしたり、臆病な種を隔離したりして防衛する。寒くなって周辺に食糧が足りなくなってきた証拠だろう。

11月19日(土)

今年生まれの子どもオオカミ・ポロが、運動場の前に設けてある電気柵を抜けて、モート(濠)の階段のところにいた。電気柵は、ジャンプして脱出するのを予防するために設置してあって、高圧のパルスを通してあるので、間をすりぬけるくらいなら脱出の可能性はない、しびれないのだろうか。

11月20日(日)

マレーバクのウリ坊ダンのおなかの辺りにうっすらと白い帯が出てきた。ウリ坊はまだまだ健在だが、これから親と同じ色になってくる変化を見るのも楽しみである。

成長するに従い、行動にも変化が現れている。母親と一緒に運動場に出て、遊んでいる。ダンが動くと母親も一緒にガードするが、次第に離れる速さと距離が大きくなっている。プールに入って溺れては困るので、水位を半分くらいにして用心することにした。

11月22日(火)

カモシカのヒロシが、4月に設置した台の一番上まで登るようになってきた。最初のうちは、一段目あたりでウロウロしていたが、やっと慣れてきた。動物相手には、ひたすら我慢であると思い知らされた。

12月1日(木)

コアラ館にいるガマグチヨタカが産卵したが、残念なことに破卵してしまった。コアラ館ができ

▲オオカミ　▼ユキヒョウ（© 財団法人東京動物園協会）

て以来、今回が初めての産卵。うまくいけば、再度産卵するかもしれないと期待。

12月2日(金)

盛岡動物園から来園したトウホクノウサギの色が変わらない。ノウサギは地方によって白くなるのと茶色のままのがあるが、これは生息地の積雪と関係がある。盛岡は積雪地域だから白くなるのが普通だが、東京に持ってくると適応してしまうのだろうか。他の動物だとこういうことはなかったのだが。

上野の人気者オランウータン・モリーが元気に来園。高齢なので、移動による健康の不安があったが、全く問題なし。仲間のオランと昔飼育していたKさんの顔を見て安心しているようだ。

12月5日(月)

コウノトリのクラッタリングが盛んになってきた。そろそろ繁殖の準備に入る。

12月11日(日)

オランウータンのジプシーとポピーに服を与えてみる。早速、ソデを通して悪戦苦闘。何とかかっこがつく。クリスマスにはサンタの服を着せてみよう。

12月12日(月)

サーバルのユウカにボールを与える。面白がって噛んでいたら、歯がボールにくい込んで取れなくなってしまった。

ユキヒョウのオス・シンギスとメス・シリーと大放飼場で同居。昨年、時間切れで繁殖できなかった個体なので、今年は何とか。両者距離をおいている。

12月13日(火)

日本には多くの神様がいるが、動物も例外ではない。例えばオオカミは大神でれっきとした神様。そこで、正月に動物七福神をセットすること

にした。ゾウやサルなどああこれも神様だという7種の動物にお参りしてみるのも一興です。

12月21日(水)

午後からサル山の一斉捕獲。先日、上野の飼育係がゾウの事故に遭ったこともあって、注意を促した。

12月26日(月)

チンパンジーのところには普段あまりカラスは寄り付かない。やはり怖いのだろう。何しろチンパンジーはすばやいし行動的だ。ところが、寒くなってあまり餌がないのか、カラスがウロウロしている。4歳のメス・モコは、よほど頭にきたのかカラスにワラを投げている。気持ちはわかる。

12月28日(水)

今年は多摩にとっては最良の年だった。動物園関係の各賞をほぼ独占した。年末には、エンリッチメント大賞をオランウータンとユキヒョウの両方で受賞した。最後の締めくくりには、某雑誌の「県庁の星」に都庁の代表として、多摩のSさんが取り上げられた。多摩動物公園は都庁の施設なのである。ついでに、動物たちの繁殖が年末まで続いた。このまま来年までいってもらいたいものだ。いい夢を見たいので、バクとタカにお願いして事務所に戻る。暖かくてのどかな年の暮れである。

2006年1月1日(日)

2006年の正月はどんよりとした曇で明けた。天気はいまいちだが、ともかく動物さんたちに挨拶しよう。犬年といえばオオカミとタヌキ。オオカミのところに着く50m前で遠吠えをしている。急いで走っていったら、やめてしまった。動物舎の前に着くと、4頭でじっとこちらを見る。多分、私を認識しているはずだが、不思議な顔をして5分ほどこちらから目を離さなかった。その足でタヌキを訪問する。こちらは、さっと隠れるが、でも全身を隠すわけではなく、藪や建物の陰でこちらをじっと見ている。
1年のうちで、4日間連続して休みなのはこの日しかないので、少しいつもと違う反応である。

1月2日(月)
本日より開園。昨日に引き続き天気はよろしくない。着ぐるみの動物たちが5頭歓迎に出たが、肝心のお客さんがあまりいない。

1月3日(火)
今日もチンパンジーのモコが大騒ぎ。どうやら、人工アリ塚用の小枝を取ろうとして、柵に手を突っ込んだらしい。柵には高圧の電気が流れているのを学習しているはずだが、悪戯ざかりだから何でもやってしまう。

1月8日(日)
6歳のチンパンジーのメス・ベリーが銅鑼を鳴らし始めた。チンパンジーの群れには、序列があるが、そのなかで優位に立つために色々なことをする。大きな音を出せると主張するのもその一つ、というわけで昨年から銅鑼を設置してある。今まではなかなか銅鑼を鳴らさなかったが、ベリーが順位を上げたいという主張を始めたのだろうか。

1月9日(月)
今日も寒い。チンパンジーの前の水路は氷が張っている。氷の上に誰かが投げた枝を、上手に手を伸ばして取る。ショウジョウトキたちは、羽毛を逆立てて、熱の放散を防いでいた。動物たちも寒さ対策を考えている。

1月10日(火)
コウノトリの嘴が割れてジョウロを代わりに取りつけたことがあったが、もう1羽嘴がだめになってしまった。そこで、再度手術。前よりもずっと自然にできたというのが、担当獣医さんの話。

1月15日(日)

マレーグマは悪戯好きである。穴を掘ったり、木をかじったり、広い動物舎内を荒らしまくっている。そこで飼育係のSさんも負けずといろいろ工夫。今日は日曜日で毎週蜂蜜を与えて、舌の長さを見てもらおうというイベントの日であるが全然やる気がない。悪戯好きなのだが飽きっぽいのである。代わりにあげた団栗に興味を持ったようだ。

隣のオランウータンの放飼場では、上野から来たモリーさんが、ガラス仕切りの前でお絵かきの実演を始めた。ジプシーは何でもやるが、モリーはお絵かきが専門で、さすがにうまい絵を描く。年齢が高い方がタレント的になるのは、なぜだろうか、疑問である。

1月18日(水)

今日は休園日。少し時間ができたので、久しぶりにターキンのところに行く。他にお客さんがいないせいかじっとこちらを見ている。動物たちはあまりお客さんに興味を抱かないことが多いから、こんなことは珍しい。そこでどのくらいこちらを見ているか時間を計ってみると4分20秒。何か不安を引き起こすような風体なのだろうか。

1月19日(木)

「サバンナ」脇のペリカン展示にソウメン流しならぬ「アジ流し」が登場。お客さんがパイプにアジを流して、落ちて来るアジをペリカンが食べるという趣向である。ペリカンは新たな異物にびっくりして近寄らない。

1月22日(日)

昨日は大雪。ユキヒョウは大喜びで飛び回り、ターキンの子ども・オーキは、初めて見る雪を食べているが、マレーグマは表に出たがらない。まことに正直である。

レッサーパンダは、雪が積もると、その積雪を利用して、柵外に脱出したがるので、展示を中

止する。職員は朝から雪かきで大忙しである。マレーバクが雪かきの音にびっくりして運動場を走り回っていた。

1月29日(日)

オランウータンのメス・チャッピーの発情が見られたので、親子ともどもオスのボルネオと一緒に出す。早速、交尾し始めた。その周りを、子どものポピーがちょっかいを出し、おばあちゃんのジプシーは、ポピーがボルネオに怒られないかと冷や冷やウロウロ。15分くらいで終わったので、引き離す。以後は、チャッピー全くボルネオを見向きもしない。

2月2日(木)

ネズミのところに行くとネズミたちがくっついて毛づくろいをしている。ネズミをしげしげと眺めることがないので、こんな行動が見られるとは、意外である。反省しなければいけない。

2月3日(金)

猛禽類の大きなケージで、イヌワシが旋回している。そろそろ繁殖の季節である。おかげで同居しているオジロワシ・ペアはケージの端に縮こまってやり過ごしている。繁殖期になると同種には誇示、他の種や同性には威嚇をし始めるので、発情し始めた個体が出ると他はおとなしくならざるを得ない。多少の大きさの違いはあまり影響がないのである。

2月10日(金)

相変わらず寒い日が続くが、たまに暖かい。オランウータンの頭上散歩も暖かい日にはやってみることにすることで、方針を確定。また、3月上旬からは、寒い日を除いてスカイウォークへ出すことにする。

2月12日(日)

コウノトリのジョウロ君、ネットに嘴を引っ掛

【マレーグマ、レッサーパンダ、マレーバク、オランウータン、ネズミ、イヌワシ、オジロワシ、コウノトリ】

けて、ぶら下がり、ジョウロも外れそうになった。取り外して、再度装着する。飛べるようにすると天井に引っかかるし、天井を低くすれば飛ばなくなるが、それではかわいそうだし、面白くない。いい方法を考えなくてはいけない。

**2月15日(水)**

毎週の水曜日には、係長さんたちに集まってもらって、会議である。春になってきたのか、あちこちの動物で、交尾だの、普通の人が聞くと驚くような会話が飛び交う季節である。

**2月17日(金)**

スカイウォーク下のビオトープを作っているが、今日は、笹刈り作業である。植物系の専門学校の学生さんたちと協力して、坂の途中の笹刈り。随分刈ったつもりでも、積み重ねるとわずかである。中央に流れがあり、その下に池がふたつ。池でヤマアカガエルが10ほど卵塊を産んでいる。例年、アオサギやアオダイショウに食べられてしまうので、一部取り上げて繁殖させるか、ビオトープだからそのままにしておくか、アオサギにも餌は必要だし、悩ましいところである。

**2月18日(土)**

朝は少し冷たい風が吹いていたが、午後になるに従って暖かくなってきた。珍しくチーター6頭を、大きな放飼場に出す。広いところで運動させたいというのが、飼育担当の目指すところだが、全員が丘の上で、日向ぼっこ。のどかなネコ科動物の午後になってしまった。この姿は、繁殖という観点からするといささかよろしくない。オスとメスが穏やかに同居するのでは繁殖は望めない。追尾行動といって追い掛け回すような行動から、繁殖が始まるのである。

2月19日(日)

ジプシーに梱包に使う緩衝材を与えると、表面のプチプチをつぶして遊んでいた。ただでさえ物に興味を示すジプシー。持ち前の集中力を発揮して、夢中になってプチプチやっていた。とうとう全てのポイントをつぶしてしまって満足。

2月24日(金)

昨年生まれのユキヒョウのマユの子2頭、本日初めて親から離すことにした。広い放飼場に子どもも2頭だけで出す。初めのうちはバックヤードにいる親に向かってピイピイと泣いていたが、次第に収まってくる。いつかはくる親離れ、親の方は、落ち着いていた。これから次の子どもを作らなければならないこともある。

2月25日(土)

オオカミ舎は、多摩動物公園ができてすぐに作ったもの。そろそろコンクリートも緩んできている。オオカミのメス親のロボがしきりにコンクリートの隙間をほじってついに穴を開け始めた。オオカミは巣穴を掘って、そこで子どもを生む。そのための格好の場所である。コンクリートで塞いでしまおうかとも思ったが、放飼場に穴を開けても逃げるわけでもないし、ここで繁殖させるのも面白い。そのままにしておこう。

2月28日(火)

このところコアラの繁殖成績がよくない。なかなか子どもが生まれないのだ。どうもオスの元気がいまいち弱い。そこで神戸から埼玉子ども動物自然公園に来ているオスと当園のメス・ミリーと交尾を試みることにして、今日、埼玉へ出発。1ヶ月ほどの不在になる。

3月1日(水)

オランウータンのメス、チャッピーがしきりにオスに興味を示す。どうも先月の交尾では妊娠は

しなかったようだ。そこでオスのボルネオを同居させる。結果は極めて良好である。

マレーバクのプールを一杯にして、子どものダンを放飼場に出すが、ダンはプールに近づかない。どうも怖いようである。バクが水に入れないとは、驚きである。

3月5日(日)

アジアゾウの放飼場に、鎖で丸太を縛りつけた遊具を設置してある。本日どういうわけかオスゾウのアヌラ、丸太に猛烈にアタック。丸太を留めてあるボルトを壊してしまった。おそるべき破壊力である。もとに戻すのに一苦労。

3月11日(土)

マレーバクの子どもダンをプールに入れるので一苦労。今日はやっと水のなかに入る。カバは水底を歩き、バクは泳ぐと言われるほど水が好きな動物なので、困惑していたが、今日はかなり深い水のなかを泳いでいた。いくら好きでも最初はためらうのか。

プールに同居しているホオジロガモは、どこをどう逃げたのか、放飼場内の水路に行ってしまった。戻そうとしたがなかなか捉まらない。

カヤネズミがかやの草の穂に鞠《まり》のような巣を作っている。かれらはここで子育てするのだ。

3月13日(月)

飼育職員がエミューの放飼場に入ると、オスが向かってきた。産卵準備態勢に入ったらしい。こういう時は、攻撃的になっているから要注意である。写真を撮りに近づいたら、私にも警戒する様子。首を上にもたげて威嚇していた。危ない危ない。

昨年生まれのチンパンジー・ボンボンが、母親のチェリーと一緒にタワーに登って遊んでいる。と、しばらくして、ボンボン一人で降りてきた。この前は、タワーの上にボンボンを置いてきてしまったが、今度は一人で降りるとは、赤ちゃんから子ども

に変わってきているのだろう。親子はこうして次第に距離をとり、子どもは自立して行く。

3月16日(木)

待望のガマグチヨタカ・メスが埼玉から来園。2羽と同居させたが、落ち着いていた。

3月19日(日)

ワラビー・メスのサボテンの袋から子どもが頭を出している。カンガルーの生まれた日は、最初に袋から顔を出した日ということに決めている。実際は、産道から地上に赤ちゃんを産み落とし、子どもは袋に這《は》い上がるのであるから、産み落とした日は本当の誕生日であるが、観察不能であるから、顔を出した日ということで統一している。

3月21日(火)

本日久しぶりに、オランウータンをスカイウォークに出す。これまでのロープは3本あって、そのうち1本は仮の麻製のロープだったので、今回新しく金属製の安定したロープに変えた。どうなるかと思っていたが、手触りが前と違うせいか少し戸惑っている様子だが、大丈夫、すいすいと渡った。

# 【多摩動物公園】

〒191-0042 東京都日野市程久保7-1-1　電話 042-591-1611　FAX 042-593-4351

●交通
京王線、多摩モノレール「多摩動物公園駅」下車（京王線は「高幡不動駅」で乗り換えて３分、多摩モノレールは「立川南駅」から14分、「多摩センター駅」から８分です。
※多摩動物公園の駐車場は、障害者用のみです。その他の場合、近隣の民間駐車場をご利用下さい。／※土日・祝日等は電車でのご来園をお勧めいたします。

●開園時間
午前９時30分から午後５時（ただし入園は午後４時まで）

●入園料

| | 個人 | 団体（20名以上） | 年間パスポート |
|---|---|---|---|
| 一般 | 600円 | 480円 | 2,400円 |
| 中学生 | 200円 | 160円 | —— |
| 65歳以上 | 300円 | 240円 | 1,200円 |

※小学生以下、都内在住・在学の中学生は無料です。中学生は生徒手帳を持参してください。／※団体入園についての詳細は、下記「団体入園のご案内」をご覧下さい。／※障害者手帳・愛の手帳・療育手帳をお持ちの方と、その付添者原則１名は無料です。／※65歳以上の方は、年令の証明となるものをお持ちください。／※年間パスポートの有効期間は、購入日から１年間です。

●無料公開日
みどりの日（５月４日）／開園記念日（５月５日）／都民の日（10月１日）
※老人週間（９月15日～21日）の開園日は60歳以上の方の入場は無料です（入場の際に介助が必要な場合は付添者１名無料）。

●休園日
・毎週水曜日（水曜日が国民の祝日や振替休日、都民の日の場合は、その翌日が休園日）
・年末年始（12月29日～翌年１月１日）

**動物園サポーターとは・・・**動物園がおこなう事業をご理解いただき、動物たちの飼育環境や展示などの改善に資金を提供していただく、「動物園サポーター」を募集しています。これまでに納められた資金は、動物本来の行動を引き出す展示設備や動物たちの遊具、飼料の購入などに使われてきました。これからも動物たちにとって、より良い環境や展示を実現していくために、みなさまのご協力をお願いいたします。

◎申し込み・問い合わせ連絡先（財）**東京動物園協会　動物園サポーター事務局**
〒110-0007 東京都台東区上野公園9-83 上野動物園内
電話：03-3828-8235　Eメール：supporter@tokyo-zoo.net

以上は、財団法人東京動物園協会が運営する都立動物園の公式サイト「東京ズーネット」による。

（http://www.tokyo-zoo.net/zoo/tama/　2009年2月10日現在）

## 【資料】「犬の名前・猫の名前」調査結果

# 犬の名前ベスト

・2008年調査結果・

| 順 | 名前 | 頭数 |
|---|---|---|
| 1 | モモ | 418 |
| 2 | ハナ | 297 |
| 3 | サクラ | 255 |
| 4 | チョコ | 243 |
| 5 | ナナ | 236 |
| 6 | ラブ | 198 |
| 7 | ラッキー | 197 |
| 8 | クッキー | 195 |
| 9 | マロン | 164 |
| 10 | クー | 160 |
| 11 | コロ | 157 |
| 12 | レオ | 152 |
| 13 | ラン | 151 |
| 14 | リュウ | 141 |
| 15 | ジョン | 139 |
| 16 | プリン | 132 |
| 17 | チビ | 129 |
| 18 | チャッピー | 119 |
| 19 | タロウ | 114 |
| 20 | リン | 110 |
| 21 | ソラ | 109 |
| 22 | マル | 105 |
| 23 | ベル | 103 |
| 24 | ハッピー | 102 |
| 25 | メイ | 101 |
| 25 | ロン | 101 |
| 27 | クロ | 99 |
| 27 | ゴンタ | 99 |
| 29 | チェリー | 98 |
| 30 | ゴン | 96 |
| 31 | ミルク | 95 |
| 32 | ミミ | 87 |
| 33 | リキ | 85 |

| 順 | 名前 | 頭数 |
|---|---|---|
| 34 | ラム | 82 |
| 34 | プー | 82 |
| 36 | リリー | 79 |
| 36 | メリー | 79 |
| 38 | アイ | 78 |
| 39 | ヒメ | 77 |
| 40 | ショコラ | 74 |
| 41 | レオン | 73 |
| 42 | ロッキー | 71 |
| 42 | チロ | 71 |
| 44 | キャンディ | 67 |
| 45 | モコ | 66 |
| 45 | シロ | 66 |
| 47 | エル | 65 |
| 48 | ハル | 64 |
| 49 | アトム | 62 |
| 50 | カイ | 61 |
| 51 | マック | 60 |
| 52 | モカ | 59 |
| 53 | イヴ | 57 |
| 54 | チャコ | 55 |
| 54 | チャチャ | 55 |
| 54 | ミッキー | 55 |
| 57 | マロ | 54 |
| 58 | モモコ | 53 |
| 59 | ケンタ | 52 |
| 60 | ケン | 51 |
| 61 | トム | 50 |
| 62 | マリン | 49 |
| 63 | マックス | 49 |
| 63 | ボス | 49 |
| 63 | ララ | 49 |

| 順 | 名前 | 頭数 |
|---|---|---|
| 66 | リク | 48 |
| 66 | レン | 48 |
| 66 | ダイ | 48 |
| 66 | ルナ | 48 |
| 66 | マリ | 48 |
| 71 | ルル | 47 |
| 71 | ハチ | 47 |
| 71 | ルイ | 47 |
| 74 | アンディ | 46 |
| 75 | ピース | 45 |
| 76 | コロン | 45 |
| 76 | ユウ | 45 |
| 76 | チコ | 45 |
| 76 | ハナコ | 45 |
| 80 | ムサシ | 44 |
| 80 | ポッキー | 44 |
| 80 | ジュン | 44 |
| 83 | ビビ | 41 |
| 84 | ユキ | 40 |
| 84 | ポチ | 40 |
| 86 | メル | 39 |
| 86 | メグ | 39 |
| 86 | テツ | 39 |
| 89 | パピー | 38 |
| 89 | レイ | 38 |
| 89 | ミニー | 38 |
| 89 | ムク | 38 |
| 93 | ルーク | 37 |
| 93 | ミント | 37 |
| 95 | ヒナ | 36 |
| 95 | ティアラ | 36 |
| 95 | ポポ | 36 |
| 98 | サスケ | 35 |
| 98 | ヤマト | 35 |
| 98 | サリー | 35 |

# 犬の名前前回ベスト

## ・1992年以前・

| 順 | 名前 | 頭数 |
|---|---|---|
| 1 | コロ | 205 |
| 2 | チビ | 154 |
| 3 | タロウ | 128 |
| 4 | ジョン | 116 |
| 5 | ラッキー | 105 |
| 6 | リリー | 84 |
| 7 | モモ | 83 |
| 8 | ロッキー | 82 |
| 9 | ゴン | 81 |
| 10 | チロ | 72 |
| 11 | ナナ | 69 |
| 11 | リキ | 69 |
| 13 | チャッピー | 68 |
| 14 | ハナ | 64 |
| 14 | メリー | 64 |
| 16 | シロ | 62 |
| 17 | ポチ | 60 |
| 18 | ラン | 57 |
| 18 | ミッキー | 57 |
| 20 | ロン | 55 |
| 21 | クロ | 54 |
| 22 | ベル | 52 |
| 23 | レオ | 49 |
| 24 | マル | 44 |
| 24 | ミミ | 44 |
| 26 | ジロー | 42 |
| 27 | ムク | 41 |
| 28 | エル | 39 |
| 29 | ハッピー | 38 |
| 30 | サクラ | 37 |
| 31 | クッキー | 36 |
| 32 | ラブ | 35 |
| 32 | チャチャ | 35 |
| 34 | チコ | 34 |
| 35 | ジュン | 33 |

| 順 | 名前 | 頭数 |
|---|---|---|
| 36 | ケン | 32 |
| 36 | テツ | 32 |
| 38 | アイ | 31 |
| 38 | モモコ | 31 |
| 40 | リュウ | 30 |
| 40 | ハナコ | 30 |
| 42 | チェリー | 29 |
| 42 | ジュリー | 29 |
| 44 | ゴンタ | 27 |
| 44 | マリ | 27 |
| 46 | ゴロー | 26 |
| 46 | ポンタ | 26 |
| 48 | マック | 25 |
| 48 | チャコ | 25 |
| 48 | ハチ | 25 |
| 48 | ボビー | 25 |
| 52 | ラム | 24 |
| 52 | トム | 24 |
| 54 | ドン | 23 |
| 54 | ペペ | 23 |
| 56 | ケンタ | 22 |
| 56 | サリー | 22 |
| 58 | プー | 21 |
| 58 | テリー | 21 |
| 60 | ジャッキー | 20 |
| 60 | チー | 20 |
| 60 | ポピー | 20 |
| 60 | ダイスケ | 20 |
| 64 | チャーリー | 19 |
| 65 | バロン | 18 |
| 66 | ルル | 17 |
| 66 | ペロ | 17 |
| 66 | アリス | 17 |
| 66 | マイ | 17 |
| 66 | エリー | 17 |
| 66 | カール | 17 |

| 順 | 名前 | 頭数 |
|---|---|---|
| 72 | メイ | 16 |
| 72 | ダイ | 16 |
| 72 | マリー | 16 |
| 72 | ベス | 16 |
| 76 | イヴ | 15 |
| 76 | ユウ | 15 |
| 76 | リッキー | 15 |
| 76 | ペコ | 15 |
| 76 | シェリー | 15 |
| 81 | クー | 14 |
| 81 | ムサシ | 14 |
| 81 | チョビ | 14 |
| 81 | ノン | 14 |
| 81 | チーコ | 14 |
| 86 | ポッキー | 13 |
| 86 | ユキ | 13 |
| 86 | メグ | 13 |
| 86 | アン | 13 |
| 86 | パピ | 13 |
| 86 | サブ | 13 |
| 86 | ブンタ | 13 |
| 86 | レディ | 13 |
| 86 | ベティ | 13 |
| 86 | マミ | 13 |
| 86 | マイケル | 13 |
| 97 | モコ | 12 |
| 97 | マックス | 12 |
| 97 | ポポ | 12 |
| 97 | ジャック | 12 |
| 97 | ポコ | 12 |
| 97 | ピー | 12 |

# オス犬名前ベスト

・2008年調査結果・

| 順 | オス | 頭数 |
|---|---|---|
| 1 | ラッキー | 154 |
| 2 | レオ | 145 |
| 3 | リュウ | 134 |
| 4 | ジョン | 126 |
| 5 | コロ | 121 |
| 6 | タロウ | 113 |
| 7 | チョコ | 112 |
| 8 | クッキー | 105 |
| 9 | ゴンタ | 95 |
| 10 | クー | 92 |
| 11 | ゴン | 83 |
| 12 | ロン | 81 |
| 13 | リキ | 79 |
| 14 | マロン | 76 |
| 15 | レオン | 69 |
| 16 | クロ | 67 |
| 17 | ロッキー | 66 |
| 18 | ソラ | 65 |
| 19 | チビ | 63 |
| 20 | アトム | 61 |
| 21 | マック | 57 |
| 22 | チャッピー | 56 |
| 22 | マル | 56 |
| 24 | カイ | 54 |
| 25 | ラブ | 53 |
| 26 | ケン | 49 |
| 27 | ベル | 48 |
| 28 | シロ | 46 |
| 28 | ケンタ | 46 |
| 28 | トム | 46 |
| 31 | ハッピー | 45 |
| 31 | ダイ | 45 |
| 31 | マックス | 45 |
| 31 | ミッキー | 45 |
| 35 | ムサシ | 44 |

| 順 | オス | 頭数 |
|---|---|---|
| 36 | プー | 43 |
| 36 | リク | 43 |
| 38 | ボス | 42 |
| 39 | ハチ | 41 |
| 40 | アンディ | 39 |
| 41 | ショコラ | 38 |
| 41 | チロ | 38 |
| 41 | テツ | 38 |
| 44 | プリン | 36 |
| 44 | マロ | 36 |
| 44 | ピース | 36 |
| 47 | サスケ | 35 |
| 48 | レン | 34 |
| 48 | ジュン | 34 |
| 50 | ポッキー | 33 |
| 50 | ルーク | 33 |
| 50 | ドン | 33 |
| 53 | ジロー | 32 |
| 54 | ポチ | 31 |
| 54 | ゴロー | 31 |
| 54 | サンタ | 31 |
| 57 | ヤマト | 30 |
| 57 | ジャック | 30 |
| 57 | リッキー | 30 |
| 57 | ポンタ | 30 |
| 57 | ムク | 30 |
| 62 | エル | 28 |
| 63 | ミルク | 27 |
| 63 | ルイ | 27 |
| 65 | ハル | 26 |
| 65 | ユウ | 26 |
| 65 | リョウ | 26 |
| 68 | ジャッキー | 25 |
| 69 | ケビン | 24 |

| 順 | オス | 頭数 |
|---|---|---|
| 70 | モモ | 23 |
| 70 | ロビン | 23 |
| 70 | ムック | 23 |
| 70 | タク | 23 |
| 70 | テリー | 23 |
| 70 | ボブ | 23 |
| 76 | ラン | 21 |
| 76 | モカ | 21 |
| 76 | パピー | 21 |
| 76 | チョビ | 21 |
| 76 | ギン | 21 |
| 76 | チーズ | 21 |
| 76 | ゲン | 21 |
| 76 | ボビー | 21 |
| 84 | ミント | 20 |
| 84 | チップ | 20 |
| 84 | テン | 20 |
| 84 | マーブル | 20 |
| 84 | アッシュ | 20 |
| 84 | パル | 20 |
| 84 | ショウ | 20 |
| 84 | ハリー | 20 |
| 84 | ゲンキ | 20 |
| 93 | ジン | 19 |
| 93 | サブ | 19 |
| 95 | リン | 18 |
| 95 | モコ | 18 |
| 95 | コロン | 18 |
| 95 | ポポ | 18 |
| 95 | ダイキチ | 18 |
| 95 | ランディ | 18 |
| 95 | サム | 18 |
| 95 | カンタ | 18 |
| 95 | ボン | 18 |
| 95 | ロック | 18 |
| 95 | アレックス | 18 |

# メス犬名前ベスト

## ・2008年調査結果・

| 順 | メス | 頭数 |
|---|---|---|
| 1 | モモ | 383 |
| 2 | ハナ | 278 |
| 3 | サクラ | 245 |
| 4 | ナナ | 217 |
| 5 | ラブ | 143 |
| 6 | ラン | 128 |
| 7 | チョコ | 127 |
| 8 | プリン | 94 |
| 9 | メイ | 92 |
| 10 | リン | 91 |
| 11 | クッキー | 90 |
| 12 | マロン | 87 |
| 13 | チェリー | 79 |
| 14 | ヒメ | 77 |
| 14 | アイ | 77 |
| 16 | ミミ | 76 |
| 17 | リリー | 74 |
| 18 | メリー | 70 |
| 19 | ミルク | 68 |
| 19 | ラム | 68 |
| 21 | クー | 67 |
| 22 | チビ | 64 |
| 23 | チャッピー | 61 |
| 24 | キャンディ | 58 |
| 25 | ハッピー | 56 |
| 26 | ベル | 52 |
| 26 | モモコ | 52 |
| 28 | チャコ | 51 |
| 29 | イヴ | 48 |
| 30 | マル | 46 |
| 31 | ルナ | 45 |
| 31 | ハナコ | 45 |
| 33 | モコ | 44 |
| 33 | マリ | 44 |
| 35 | マリン | 43 |
| 36 | ラッキー | 42 |
| 36 | ソラ | 42 |
| 36 | ララ | 42 |
| 39 | チャチャ | 39 |
| 40 | モカ | 38 |
| 41 | プー | 37 |
| 41 | チコ | 37 |
| 43 | ショコラ | 36 |
| 43 | ハル | 36 |
| 43 | ユキ | 36 |
| 43 | ミニー | 36 |
| 47 | エル | 35 |
| 47 | ルル | 35 |
| 47 | ヒナ | 35 |
| 47 | メグ | 35 |
| 51 | クルミ | 34 |
| 52 | コロ | 33 |
| 52 | チロ | 33 |
| 52 | ティアラ | 33 |
| 55 | サラ | 32 |
| 56 | メル | 30 |
| 56 | ネネ | 30 |
| 58 | サリー | 29 |
| 59 | リリ | 28 |
| 59 | マリー | 28 |
| 61 | ミュウ | 27 |
| 61 | ナツ | 27 |
| 63 | クロ | 26 |
| 63 | コロン | 26 |
| 63 | ビビ | 26 |
| 63 | アンズ | 26 |
| 67 | ノン | 25 |
| 67 | アン | 25 |
| 69 | ミル | 24 |
| 69 | ミルキー | 24 |
| 69 | ミク | 24 |
| 69 | ティナ | 24 |
| 69 | スズ | 24 |
| 69 | シェリー | 24 |
| 75 | ユメ | 21 |
| 75 | アリス | 21 |
| 77 | レイ | 20 |
| 77 | アズキ | 20 |
| 77 | ペコ | 20 |
| 77 | コユキ | 20 |
| 77 | ルビー | 20 |
| 82 | ロン | 19 |
| 82 | シロ | 19 |
| 82 | ルイ | 19 |
| 82 | マイ | 19 |
| 86 | ユウ | 18 |
| 86 | ポポ | 18 |
| 86 | ベリー | 18 |
| 86 | レディ | 18 |
| 90 | マロ | 17 |
| 90 | パピー | 17 |
| 90 | ウメ | 17 |
| 90 | カリン | 17 |
| 90 | クララ | 17 |
| 90 | コウメ | 17 |
| 96 | ミント | 16 |
| 96 | ユズ | 16 |
| 96 | モミジ | 16 |
| 96 | リボン | 16 |
| 96 | アミ | 16 |
| 101 | チー | 15 |
| 101 | ミカン | 15 |
| 101 | エリー | 15 |
| 104 | レン | 14 |
| 104 | チロル | 14 |

# 品種ベスト

## ・2008年調査結果・

| 順 | 品種 | 頭数 |
|---|---|---|
| 1 | ミニチュア・ダックス | 1706 |
| 2 | シーズー | 1451 |
| 3 | 柴 | 1327 |
| 4 | チワワ | 978 |
| 5 | ヨークシャーテリア | 848 |
| 6 | ゴールデン・レトリーバー | 796 |
| 7 | トイ・プードル | 741 |
| 8 | ラブラドール・レトリーバー | 729 |
| 9 | マルチーズ | 599 |
| 10 | ダックス | 531 |
| 11 | ポメラニアン | 499 |
| 12 | ウェリッシュ・コーギー | 496 |
| 13 | パピヨン | 448 |
| 14 | ミニチュア・ダックス・ロングC | 403 |
| 15 | ビーグル | 390 |
| 16 | パグ | 312 |
| 17 | シェルティ | 303 |
| 18 | ミニチュア・シュナウザー | 301 |
| 19 | キャバリア・K・C・スパニエル | 281 |
| 20 | プードル | 272 |
| 21 | チワワ・ロングC | 211 |
| 22 | フレンチ・ブルドッグ | 156 |
| 23 | スパニエル（A・コッカー） | 129 |
| 24 | シベリアン・ハスキー | 110 |
| 25 | ミニチュア・ピンシャー | 106 |
| 26 | ダックス・ロングH | 97 |
| 27 | シープドッグ・S | 75 |
| 27 | テリア・JR | 75 |
| 29 | ジャーマン・シェパード | 72 |
| 30 | テリア・WE | 70 |
| 31 | ペキニーズ | 67 |
| 32 | セッター・I | 61 |
| 33 | ダルメシアン | 58 |
| 34 | テリア・BO | 57 |
| 35 | グレート・ピレニーズ | 56 |
| 36 | ブルドッグ | 39 |
| 37 | ビション | 35 |
| 38 | スパニエル（E・コッカー） | 33 |
| 39 | シュナウザー | 26 |
| 40 | コリー | 25 |

## ・1992年以前調査・

| | 品種 | 頭数 |
|---|---|---|
| 1 | 柴 | 597 |
| 2 | マルチーズ | 565 |
| 3 | シーズー | 541 |
| 4 | ヨークシャーテリア | 426 |
| 5 | シェルティ | 376 |
| 6 | ポメラニアン | 337 |
| 7 | ビーグル | 182 |
| 8 | シベリアン・ハスキー | 159 |
| 9 | プードル | 143 |
| 10 | ゴールデン・レトリーバー | 101 |
| 11 | チワワ | 91 |
| 12 | ミニチュア・ダックス | 84 |
| 13 | パグ | 77 |
| 14 | トイ・プードル | 76 |
| 15 | ダックスフント | 57 |
| 15 | ミニチュア・シュナウザー | 57 |
| 17 | ラブラドール・レトリーバー | 46 |
| 18 | パピヨン | 39 |
| 19 | テリア・WE | 37 |
| 20 | キャバリア・K・C・スパニエル | 32 |
| 21 | ミニチュア・ピンシャー | 25 |
| 22 | ジャーマン・シェパード | 21 |
| 23 | スパニエル（A・コッカー） | 19 |
| 24 | グレート・ピレニーズ | 17 |
| 25 | ペキニーズ | 16 |
| 26 | ビション | 15 |
| 27 | コリー | 13 |
| 28 | シープドッグ・S | 12 |
| 28 | シュナウザー | 12 |
| 28 | セッター・I | 12 |
| 31 | チワワ・LC | 11 |
| 32 | ダルメシアン | 10 |
| 32 | シープドッグ・OE | 10 |

# 東西犬の名前比較

## ・2008年調査結果・

| 関東 | ‰ | 関西 | ‰ |
|---|---|---|---|
| モモ | 19.4 | モモ | 24.8 |
| ハナ | 16.1 | チョコ | 17.3 |
| クッキー | 11.8 | サクラ | 16.6 |
| ラッキー | 10.9 | ハナ | 15.8 |
| ナナ | 10.6 | ナナ | 14.3 |
| サクラ | 10.0 | ラブ | 11.5 |
| ラブ | 9.5 | クー | 11.3 |
| チャッピー | 8.2 | マロン | 10.9 |
| チョコ | 7.5 | ラッキー | 10.3 |
| ジョン | 7.0 | コロ | 10.3 |
| リュウ | 6.6 | レオ | 10.1 |
| ベル | 6.6 | ラン | 9.5 |
| ラン | 6.3 | クッキー | 9.4 |
| マロン | 6.1 | チビ | 9.0 |
| コロ | 6.0 | リン | 8.7 |
| プリン | 6.0 | リュウ | 8.3 |
| ハッピー | 5.8 | ソラ | 8.0 |
| レオ | 5.7 | プリン | 7.9 |
| チェリー | 5.4 | ジョン | 7.8 |
| メイ | 5.4 | マル | 7.2 |
| クー | 5.0 | タロウ | 7.1 |
| タロウ | 4.9 | ミルク | 6.9 |
| ミミ | 4.8 | クロ | 6.5 |
| ゴンタ | 4.8 | ゴン | 6.3 |
| ロン | 4.7 | ロン | 6.0 |
| メリー | 4.5 | ラム | 5.8 |
| リリー | 4.3 | ゴンタ | 5.7 |

| 関東 | ‰ | 関西 | ‰ |
|---|---|---|---|
| チビ | 4.2 | リキ | 5.6 |
| ロッキー | 4.1 | メイ | 5.4 |
| クロ | 3.8 | プー | 5.4 |
| ゴン | 3.7 | ハッピー | 5.2 |
| キャンディ | 3.7 | チェリー | 5.1 |
| モモコ | 3.7 | チャッピー | 5.0 |
| アンディ | 3.6 | ショコラ | 4.9 |
| マル | 3.6 | アイ | 4.8 |
| エル | 3.6 | ベル | 4.7 |
| ヒメ | 3.4 | ヒメ | 4.7 |
| マック | 3.4 | ミミ | 4.6 |
| アイ | 3.4 | レオン | 4.5 |
| マリ | 3.3 | モコ | 4.5 |
| カイ | 3.2 | ハル | 4.5 |
| リキ | 3.2 | シロ | 4.5 |
| イヴ | 3.2 | チロ | 4.5 |
| レオン | 3.2 | リリー | 4.2 |
| プー | 3.1 | メリー | 4.0 |
| モカ | 3.1 | レン | 3.8 |
| アトム | 3.1 | ボス | 3.8 |
| ミッキー | 3.1 | ダイ | 3.7 |
| ソラ | 3.1 | ロッキー | 3.6 |
| マックス | 3.0 | キャンディ | 3.5 |
| チロ | 3.0 | アトム | 3.5 |
| ムク | 3.0 | チャコ | 3.5 |

※単位%は、調査頭数に占める名前の割合。

# 猫の名前ベスト

・2008年調査結果・

| 順 | 名前 | 頭数 |
|---|---|---|
| 1 | ミー | 266 |
| 2 | チビ | 247 |
| 3 | クロ | 190 |
| 4 | モモ | 179 |
| 5 | ミミ | 132 |
| 6 | トラ | 128 |
| 7 | シロ | 122 |
| 8 | ハナ | 115 |
| 9 | ミーコ | 100 |
| 10 | タマ | 97 |
| 10 | ナナ | 97 |
| 12 | ミュー | 91 |
| 13 | レオ | 89 |
| 14 | クー | 88 |
| 15 | チー | 68 |
| 16 | サクラ | 64 |
| 17 | メイ | 62 |
| 18 | ミルク | 62 |
| 19 | ジジ | 61 |
| 20 | チャチャ | 55 |
| 20 | タロー | 55 |
| 22 | キキ | 50 |
| 23 | チョコ | 49 |
| 24 | ミケ | 48 |
| 25 | チャコ | 46 |
| 25 | トム | 46 |
| 27 | フク | 45 |
| 28 | ゴン | 41 |
| 28 | リン | 41 |
| 30 | マロン | 39 |

| 順 | 名前 | 頭数 |
|---|---|---|
| 31 | ヒメ | 38 |
| 31 | ココ | 38 |
| 33 | マル | 35 |
| 33 | チョビ | 35 |
| 35 | チロ | 34 |
| 36 | チャッピー | 33 |
| 36 | ルナ | 33 |
| 38 | ラン | 32 |
| 38 | チビタ | 32 |
| 38 | コタロー | 32 |
| 38 | プリン | 32 |
| 38 | フー | 32 |
| 43 | ユキ | 31 |
| 44 | チャー | 30 |
| 44 | テン | 30 |
| 44 | ネネ | 30 |
| 47 | ミーチャン | 29 |
| 48 | ハナコ | 27 |
| 48 | チコ | 27 |
| 48 | ララ | 27 |
| 51 | チーコ | 26 |
| 51 | マイケル | 26 |
| 51 | マロ | 26 |
| 54 | プー | 25 |
| 54 | シマ | 25 |
| 54 | ラッキー | 25 |
| 54 | ルル | 25 |

| 順 | 名前 | 頭数 |
|---|---|---|
| 58 | コテツ | 24 |
| 58 | ハッピー | 24 |
| 58 | ミント | 24 |
| 61 | ベル | 23 |
| 61 | リュウ | 23 |
| 61 | マメ | 23 |
| 61 | ミカン | 23 |
| 65 | ダイ | 22 |
| 66 | ピー | 22 |
| 66 | ムサシ | 22 |
| 66 | ニャー | 22 |
| 66 | スズ | 22 |
| 66 | ソラ | 22 |
| 66 | モカ | 22 |
| 72 | モモコ | 21 |
| 72 | ハル | 21 |
| 72 | チェリー | 21 |
| 72 | コジロー | 21 |
| 76 | マリ | 20 |
| 76 | リリー | 20 |
| 76 | ノン | 20 |
| 76 | ミャー | 20 |
| 76 | サスケ | 20 |
| 76 | クリ | 20 |
| 76 | レイ | 20 |

| 順 | 名前 | 頭数 |
|---|---|---|
| 83 | アイ | 19 |
| 83 | グレ | 19 |
| 83 | ゴンタ | 19 |
| 83 | ヤマト | 19 |
| 83 | カイ | 19 |
| 88 | モコ | 18 |
| 88 | ラブ | 18 |
| 88 | コロ | 18 |
| 88 | ゴマ | 18 |
| 88 | ポン | 18 |
| 88 | ギン | 18 |
| 88 | ミーシャ | 18 |
| 88 | ジュン | 18 |
| 96 | ニャンタ | 17 |
| 96 | ノラ | 17 |
| 96 | ポンタ | 17 |
| 96 | ニャンコ | 17 |
| 96 | ミル | 17 |
| 96 | ナツ | 17 |
| 96 | キュー | 17 |

# 猫の名前前回ベスト

・1992年以前・

| 順 | 名前 | 頭数 |
|---|---|---|
| 1 | チビ | 207 |
| 2 | ミー | 201 |
| 3 | クロ | 133 |
| 4 | ミーコ | 121 |
| 5 | ミミ | 101 |
| 6 | トラ | 88 |
| 7 | タマ | 86 |
| 8 | シロ | 71 |
| 9 | モモ | 67 |
| 10 | ハナ | 55 |
| 11 | チャチャ | 46 |
| 12 | タロー | 45 |
| 13 | チロ | 43 |
| 14 | ミケ | 40 |
| 15 | チー | 36 |
| 16 | ナナ | 33 |
| 17 | チーコ | 32 |
| 18 | レオ | 30 |
| 18 | チャコ | 30 |
| 20 | ミュー | 27 |
| 20 | ハナコ | 27 |
| 22 | トム | 25 |
| 23 | マイケル | 24 |
| 24 | ゴン | 23 |
| 25 | サクラ | 22 |
| 26 | ジジ | 21 |
| 26 | マル | 21 |
| 26 | ラン | 21 |
| 26 | ユキ | 21 |
| 26 | ニャンタ | 21 |
| 31 | チコ | 19 |
| 31 | ノラ | 19 |
| 31 | マイ | 19 |

| 順 | 名前 | 頭数 |
|---|---|---|
| 34 | メイ | 18 |
| 34 | チョビ | 18 |
| 34 | チビタ | 18 |
| 34 | ミーチャン | 18 |
| 34 | マリ | 18 |
| 34 | メリー | 18 |
| 40 | ネコ | 17 |
| 41 | ミルク | 16 |
| 41 | プー | 16 |
| 41 | ベル | 16 |
| 41 | リリー | 16 |
| 41 | ミッキー | 16 |
| 46 | ヒメ | 15 |
| 46 | チャッピー | 15 |
| 46 | ダイ | 15 |
| 46 | ノン | 15 |
| 50 | モモコ | 14 |
| 50 | ミャー | 14 |
| 50 | ポンタ | 14 |
| 50 | チャオ | 14 |
| 54 | クー | 13 |
| 54 | チャー | 13 |
| 54 | コテツ | 13 |
| 54 | アイ | 13 |
| 54 | ジロー | 13 |
| 54 | ラム | 13 |
| 54 | ニャン | 13 |
| 54 | ペル | 13 |
| 54 | ペペ | 13 |
| 63 | ララ | 12 |
| 63 | シマ | 12 |
| 63 | ピー | 12 |
| 63 | ボク | 12 |

| 順 | 名前 | 頭数 |
|---|---|---|
| 67 | チョコ | 11 |
| 67 | コタロー | 11 |
| 67 | リュウ | 11 |
| 67 | モコ | 11 |
| 67 | ピーコ | 11 |
| 72 | テン | 10 |
| 72 | ラッキー | 10 |
| 72 | ハッピー | 10 |
| 72 | ブチ | 10 |
| 72 | エル | 10 |
| 72 | ミコ | 10 |
| 72 | プチ | 10 |
| 72 | チャム | 10 |
| 72 | チャトラ | 10 |
| 72 | チョロ | 10 |
| 72 | ロッキー | 10 |
| 72 | ダイスケ | 10 |
| 84 | キキ | 9 |
| 84 | プリン | 9 |
| 84 | サスケ | 9 |
| 84 | クリ | 9 |
| 84 | ラブ | 9 |
| 84 | コロ | 9 |
| 84 | ユウ | 9 |
| 84 | ムー | 9 |
| 84 | マルコ | 9 |
| 84 | ペコ | 9 |
| 84 | タラ | 9 |
| 84 | メメ | 9 |

| 順 | 名前 | 頭数 |
|---|---|---|
| 96 | ネネ | 8 |
| 96 | マメ | 8 |
| 96 | グレ | 8 |
| 96 | ニャンコ | 8 |
| 96 | ブー | 8 |
| 96 | ポポ | 8 |
| 96 | クッキー | 8 |
| 96 | ポチ | 8 |
| 96 | マミ | 8 |
| 96 | ロク | 8 |
| 96 | ブンタ | 8 |
| 96 | ドン | 8 |
| 96 | トラコ | 8 |
| 96 | ミーミー | 8 |
| 96 | ジュリー | 8 |
| 96 | ピーター | 8 |
| 96 | イクラ | 8 |

# オスメス猫の名前ベスト

・2008年調査結果・

| 順 | オス | 頭数 | 順 | メス | 頭数 |
|---|---|---|---|---|---|
| 1 | チビ | 123 | 1 | ミー | 179 |
| 2 | クロ | 110 | 2 | モモ | 151 |
| 3 | トラ | 88 | 3 | チビ | 116 |
| 4 | ミー | 83 | 4 | ミミ | 97 |
| 4 | レオ | 83 | 4 | ハナ | 97 |
| 6 | シロ | 57 | 6 | ナナ | 81 |
| 7 | タロー | 53 | 7 | ミーコ | 78 |
| 8 | トム | 45 | 8 | クロ | 74 |
| 9 | タマ | 42 | 9 | シロ | 60 |
| 10 | ゴン | 37 | 10 | ミュー | 58 |
| 11 | ミミ | 33 | 11 | クー | 57 |
| 12 | ジジ | 33 | 11 | サクラ | 57 |
| 13 | ミュー | 32 | 13 | タマ | 50 |
| 14 | クー | 31 | 14 | メイ | 46 |
| 15 | コタロー | 29 | 15 | チー | 41 |
| 16 | チビタ | 27 | 16 | ミルク | 40 |
| 17 | モモ | 26 | 16 | ミケ | 40 |
| 17 | チャチャ | 26 | 18 | トラ | 38 |
| 17 | フク | 26 | 19 | ヒメ | 36 |
| 17 | マイケル | 26 | 20 | チョコ | 35 |
| 21 | チー | 25 | 21 | チャコ | 34 |
| 22 | ミルク | 22 | 22 | チャチャ | 29 |
| 22 | キキ | 22 | 22 | リン | 29 |
| 22 | リュウ | 22 | 24 | ジジ | 28 |
| 25 | ミーコ | 21 | 25 | キキ | 27 |
| 25 | チョビ | 21 | 26 | ハナコ | 26 |
| 25 | コテツ | 21 | 27 | マロン | 25 |
| 25 | ムサシ | 21 | 27 | ココ | 25 |
| 29 | ダイ | 20 | 27 | ネネ | 25 |
| 29 | コジロー | 20 | 30 | ユキ | 24 |
| 31 | マロ | 18 | 31 | ルナ | 23 |
| 31 | ゴンタ | 18 | 31 | プリン | 23 |
| 33 | ハナ | 17 | 33 | ラン | 22 |

| 順 | オス | 頭数 | 順 | メス | 頭数 |
|---|---|---|---|---|---|
| 34 | マル | 16 | 34 | ミーチャン | 21 |
| 34 | チロ | 16 | 34 | チーコ | 21 |
| 34 | サスケ | 16 | 34 | モモコ | 21 |
| 34 | ヤマト | 16 | 37 | フー | 20 |
| 34 | カイ | 16 | 38 | フク | 19 |
| 39 | メイ | 15 | 38 | チャッピー | 19 |
| 39 | チャー | 15 | 38 | ララ | 19 |
| 39 | ベル | 15 | 41 | チロ | 18 |
| 39 | ニャンタ | 15 | 41 | チコ | 18 |
| 39 | ゴロー | 15 | 41 | スズ | 18 |
| 39 | モモタロウ | 15 | 41 | マリ | 18 |
| 45 | チャッピー | 14 | 41 | アイ | 18 |
| 45 | マメ | 14 | 46 | ルル | 17 |
| 45 | レイ | 14 | 46 | リリー | 17 |
| 48 | チョコ | 13 | 48 | テン | 16 |
| 48 | マロン | 13 | 49 | マル | 15 |
| 48 | テン | 13 | 49 | チャー | 15 |
| 48 | プー | 13 | 51 | チョビ | 14 |
| 48 | ミント | 13 | 51 | シマ | 14 |
| 48 | ポンタ | 13 | 51 | チェリー | 14 |
| 48 | ジロー | 13 | 51 | ミャー | 14 |

# 猫の上位品種

## ・2008年調査結果・

※10頭以上

| 順 | 品種 | 頭数 |
|---|---|---|
| 1 | アメショー | 616 |
| 2 | チンチラ | 289 |
| 3 | スコティッシュ・フォールド | 150 |
| 4 | ロシアン・ブルー | 142 |
| 5 | ペルシャ | 109 |
| 6 | アビシニアン | 103 |
| 7 | ヒマラヤン | 71 |
| 8 | メインクーン | 69 |
| 9 | ノルウェイ・ジャン | 47 |
| 10 | シャム | 39 |
| 11 | ラグドール | 31 |
| 12 | ソマリ | 29 |
| 13 | ベンガル | 17 |
| 14 | アメリカン・カール | 13 |
| 15 | オシキャット | 12 |

109頁　第2章【上野のニホンザルの名前】の答え
①蟹、②川、③恐竜、④神話、⑤元素、⑥島、⑦都市、⑧楽器

# あとがき

ヒトと動物の関係学会という千人弱の中規模学会がある。ヒトと動物の関係は、極めて多様な側面を持っているが、それ自身として独立した分野ではないし、学会などと大げさな研究が成立するのを疑う向きもあるだろう。そういう人たちが参加しているかというと、獣医学、畜産学、野生動物学、動物園などの動物プロパーの人たちと、文化人類学、心理学、精神医学、歴史学、哲学などなど多彩である。

ヒトと動物の関係は歴史的にも、現在の状況からしても研究が急がれる領域である。しかし相手が動物となると、学問的に取り扱うのをためらわれる向きもあって、これまでなかなか研究の主題となりにくかった。学会ができて、いくつかの大学で「ヒトと動物の関係学」の講義・講座も開設されるようになり、また学生たちも研究課題として取り上げるようになってきて、現在では、研究発表題数が多くなりすぎて、学生たちには、「学生・院生発表会」という別建ての研究発表の場を設置するほどになってきている。発展途上の研究分野であると言えよう。

筆者はもともとが野生動物から、ヒトと動物の関係にかかわってきたのであるが、若い女性を中心としたペットへの愛情の変化に驚き、いくつかの角度からその解明に努めてきているが、命名もその一つである。この著書によってそれなりの結論をえたと考えている。ペットへの命名の構造は、ある程度把握したが、名前は時々刻々変化するから、名前そのものの変化は今後とも追跡していかねばならない。

本書を書くに際して、多くの獣医師の方々に協力していただいた。この場を借りてお礼申し上げたい。事情もあり協力していただいた獣医師のお名前を全てあげられないが、東京及びその周囲では、小暮規夫、谷原宏、広島実、桜井富士朗、須田沖夫、井本史夫、上條雅子、宮田勝重ほかの先生方とにっぱし動物病院の方々、関西では旗谷昌彦、細井戸大成ほかの獣医師の先生方に資料を提供もしくは仲介をとっていただいた。ありがとうございました。

動物園関係では、上野の横島雅一、日本平の野村愛さんには、資料の提供とご教示をいただくなど、大変おせわになりました。また全国の動物園の血統登録者の方々にはこの場をかりて敬意を表します。

怠け者で面倒くさがりの筆者を、督促してすばやく出版にこぎつけていただいた社会評論社の板垣誠一郎さんにもお礼を申し上げたい。

石田　戢

著者紹介
石田 戢（いしだ・おさむ）
帝京科学大学教授（生命環境学部アニマルサイエンス学科動物観・動物園学研究室）、ヒトと動物の関係学会会長、動物観研究会幹事、元葛西臨海水族園長、元多摩動物公園副園長。著書に『現代日本人の動物観』ほか。

# どうぶつ命名《めいめい》案内《あんない》

## 犬猫《いぬねこ》どういう名前《なまえ》つけてるの？

2009年4月10日　初版第1刷発行

著　者　石田 戢
発行者　松田健二
発行所　株式会社 社会評論社
〒113-0033
東京都文京区本郷2-3-10
電話　03（3814）3861
FAX　03（3818）2808
http://www.shahyo.com
装　幀　臼井新太郎
装　画　田中かおり
印刷製本　倉敷印刷株式会社